KB186946

Coffee Belt

커피 존(Coffee Zone)이라고도 하고 북위 25도, 남위 25도 사이의 벨트지대를 말한다. 커피벨트는 커피재배에 적당한 기후와 토양을 가지고 있다. 평균기온이 약 20℃로 연간 큰 기온 차가 없으며, 강우량은 평균 1,500~1,600mm, 유기질이 풍부한 비옥토, 화산질 토양이다.

권대옥의 완벽한 핸드드립과 그린빈 평가 방법을 제시한다 핸드드립 커피

기본편

책미래

시작하며

커피의 맛과 향을 구분하는 방법으로는 여러 가지가 있지만 그중 대표적인 방법은 커핑, 드리핑, 에스프레소가 있다. 이런 방법은 커피의 품질평가 방법과 로스터의 로스팅 포인트별 맛과 향 구분법으로 나뉜다.

어떤 방법으로든 커피의 맛과 향을 구분하게 되면 품질평가와 동시에 로스터의 다양한 로스팅 포인트도 표현할 수 있다. 품질평가의 로스팅 포인트는 2차크랙 전으로 해야 하고 드리핑이나 에스프레소 포인트는 2차크랙 전이나 그 후의 2차크랙 진행과 오일이 발생하는 포인트든 상관없이 다양하다.

핸드드립 커피라는 책을 쓰게된 가장 큰 이유는 드리핑을 통해서 커피의 맛과 향을 구분하게 된다면, 핸드드립과 로스팅의 기술적인 부분을 보완하고 발전시킬 수 있으며, 아울러 드리핑에 의한 그린빈의 품질평가를 통해 좋은 품질의 그린빈을 선별할 수 있는 안목을 갖도록 하는데 일조하기 위함이다.

이를 위해 우선적으로 해야 할 일은 드리핑을 통해서 커피의 당성분과 산성분의 움직임을 분석·분류하여 로스팅의 기술적 부분인 열량(화력)과 공기의 흐름(댐퍼)의 조작, 상황적 대처 방법, 드리핑시 추출 성분의 움직임을 표현함으로써 추출과 로스팅의 기술적 부분을 상호 보완하는 것이다. 또한 그린빈의 품질에 대한 기준을 정확히 알고싶다면 COECup Of Excellence급이나 스페셜special급 커피의 맛과 향에 기준을 두고 마셔보거나 볶아볼 필요가 있지만, 만약 볶게 된다면 아주 정교하고 디테일한 로스팅 프로파일이 필요하고 추출 시에는 아주 섬세한 드리핑이 요구된다. 좋은 커피는 향의 다양성complexity, 균형감balance, 당성분sweetness, 여운의 지속성aftertaste long finish, 신맛의 강도acidity of intensity 등으로 판별할 수 있지만 무엇보다 우수한 커피의 두드러진 특징은 단맛이 깔끔하다는 것이다.

모든 커피의 본질은 약볶음에서 찾아볼 수 있다. 그러므로 약볶음을 잘 볶는다는 것은 커피의 본질을 잘 이해하고 있다는 것이다. 그 본질의 기준이 바로 품질평가이며, 모든 로스팅의 베스트 포인트를 약볶음으로만 정해도 무방하다. 좀 더 다양한 맛과 무게감body, 여운의 정도aftertaste, 입 안에 오랫동안 남는 향미flavor를 표현하고 싶다면 로스팅 포인트를 중볶음이나 강볶음으로 잡아보자. 이러한 다양성은 다양한 향미 표현을 하고자 하는 로스터의 개성인 것이다.

결론적으로 로스팅이든 커핑이든 핸드드립이든 에스프레소든 잘 볶고 잘 맛보는 기준은 기준을 전해줄 수 있는 기본 즉, 커피의 결과물이 있어야 하며 그것을 정리해줄 수 있는 멘토가 필요한 것이다.

대한민국의 올바른 커피문화 발전을 바라며
Roaster 권대옥

훌륭한 로스터는

훌륭한 감별사다

Contents

1 PART 핸드드립의 기본 개념

핸드드립의 모든 설명을 상세하게 그림으로 설명하였으며, 물을 주입하는 방법과 드립퍼 안에서의 볶음도에 따른 커피 입자들의 상황을 추출시마다 자세하고 이해하기 쉽게 설명하였다.

2 PART 핸드드립의 기구별 특징

기구별 특징과 드립핑을 통해서 커피의 추출 상황별로 맛과 향을 구분하는 방법과 추출 과정상의 문제점을 보완할 수 있는 방법 등을 설명하였다.

세계의 커피 원산지

그린빈의 품질평가를 위해 약볶음의 포인트로 맛과 향을 평가했고, 중볶음이나 강볶음 포인트에 따른 맛과 향을 평가했으며, 같은 지역 같은 종자를 로스팅 포인트의 변화에 따라 맛과 향이 어떻게 달라지는지 표현하였다.

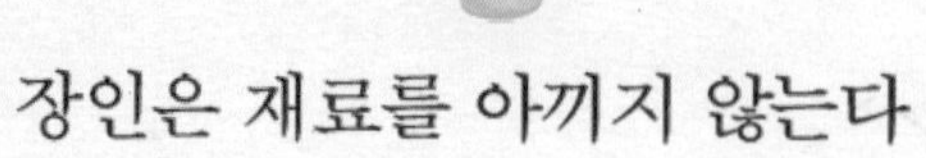

장인은 재료를 아끼지 않는다

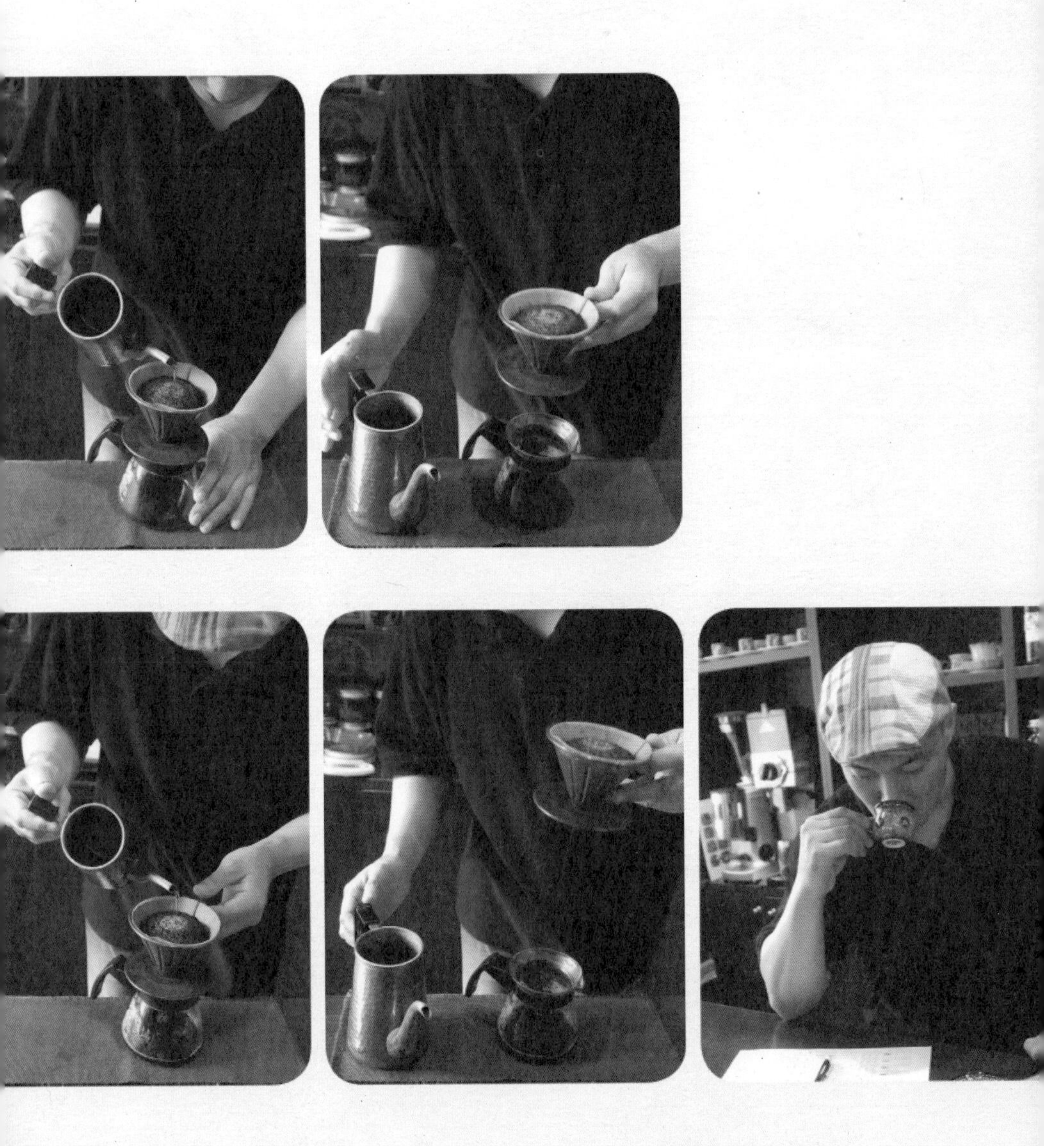

핸드 드립의 기본 개념

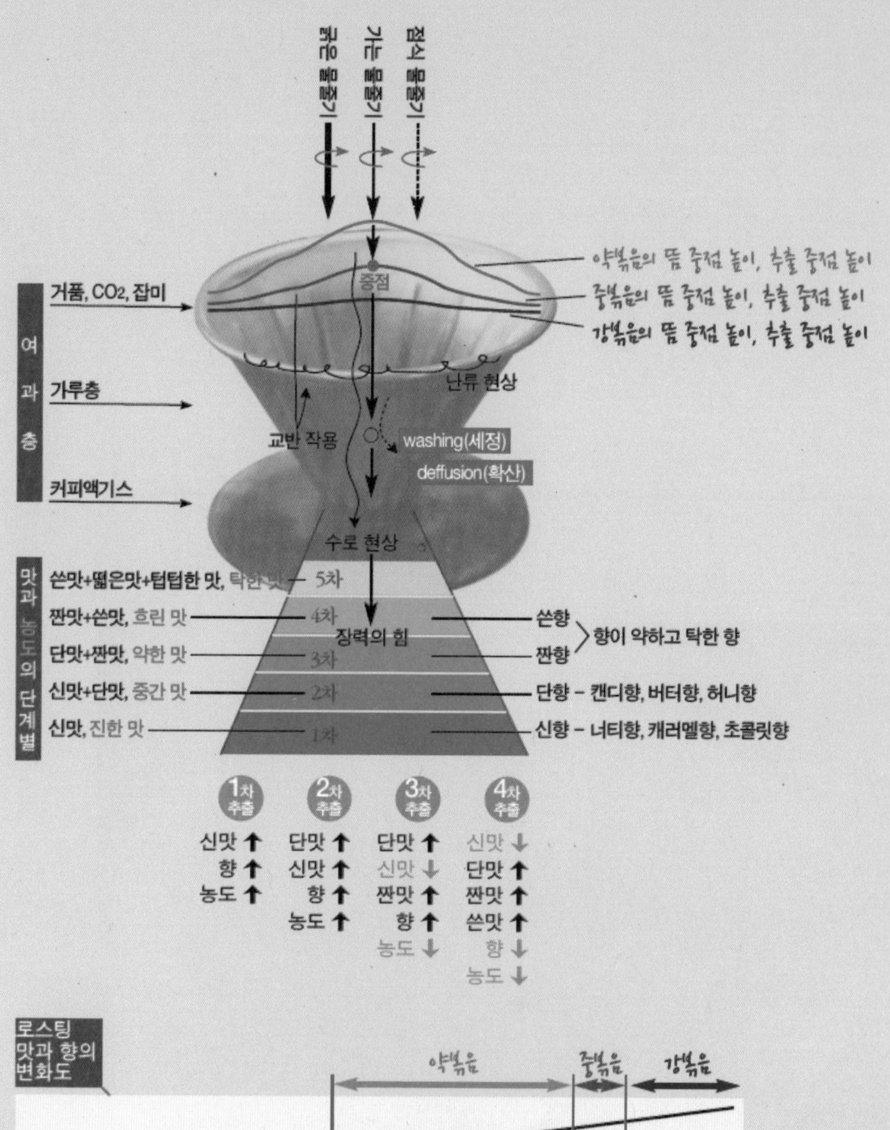

굵은 물줄기
가는 물줄기
점식 물줄기
중점
약볶음의 뜸 중점 높이, 추출 중점 높이
중볶음의 뜸 중점 높이, 추출 중점 높이
강볶음의 뜸 중점 높이, 추출 중점 높이
여과층
거품, CO_2, 잡미
가루층
커피액기스
난류 현상
교반 작용
washing(세정)
deffusion(확산)
수로 현상
장력의 힘
맛과 농도의 단계별
쓴맛+떫은맛+텁텁한 맛, 탁한 맛
5차
짠맛+쓴맛, 흐린 맛
4차
단맛+짠맛, 약한 맛
3차
신맛+단맛, 중간 맛
2차
신맛, 진한 맛
1차
쓴향
짠향
향이 약하고 탁한 향
단향 - 캔디향, 버터향, 허니향
신향 - 너티향, 캐러멜향, 초콜릿향
1차 추출
신맛 ↑
향 ↑
농도 ↑
2차 추출
단맛 ↑
신맛 ↑
향 ↑
농도 ↑
3차 추출
단맛 ↑
신맛 ↓
짠맛 ↑
향 ↑
농도 ↓
4차 추출
신맛 ↓
단맛 ↑
짠맛 ↑
쓴맛 ↑
향 ↓
농도 ↓

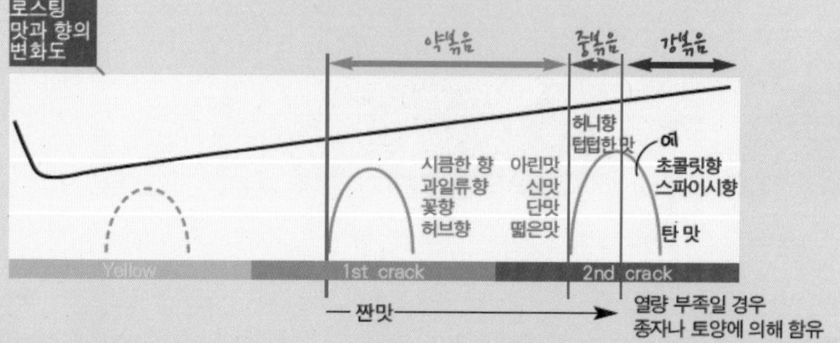

로스팅 맛과 향의 변화도
약볶음
중볶음
강볶음
허니향
텁텁한 맛
예
초콜릿향
스파이시향
시큼한 향
과일류향
꽃향
허브향
아린맛
신맛
단맛
떫은맛
탄 맛
Yellow
1st crack
2nd crack
짠맛
열량 부족일 경우
종자나 토양에 의해 함유

01

핸드드립이란, 즉 '여과력'이다!

○

뜨거운 물을 커피입자 속에 투과시켜(확산, deffusion) 양질의 커피 성분을 추출하는 것이 핸드드립의 기본 원리이다.

즉, 추출 기구의 여과, 여과지의 여과, 입자와 입자 사이의 여과로 여과층에 정교하게 물을 주입하여 입자에 붙어 있는 커피의 성분을 최대한 많이 뽑아내는 것이 핸드드립의 목적인 것이다.

단, 물줄기가 너무 굵거나 상하로 추출하게 되면 상대적으로 커피의 성분을 깊이 있게 추출할 수 없으며, 그렇다고 커피원액을 추출해서 희석시키면 핸드드립을 할 의미가 없다는 것이다.

핸드드립이란 곧 '여과력'을 의미하므로 추출 시간(물의 주입 시간과 물을 여과하여 용출하는)을 맞추지 않고 계속해서 물을 주입하면 추출력(여과력)이 떨어진다. 이는 핸드드립이 아니라 그냥 물을 붓는 것이다.

02 물줄기의 굵기

물줄기는 굵게 주입하는 방식, 가늘게 주입하는 방식, 점식(분사식) 주입 방식이 있는데 가늘게 물을 주입하면 커피의 성분을 균일하게 추출할 수 있으며, 농도도 진해지고 커피의 액기스와 밸런스를 잘 표현할 수 있는 장점이 있다.

물줄기가 너무 굵으면 커피의 성분이 미처 추출되기도 전에 물이 투과washing되어 전체적으로 밋밋flat해질 수 있고, 너무 점식으로 오랫동안 추출하면 여운aftertaste이 텁텁해질 수 있으므로 주의해야 한다. 자세한 내용은 볶음도에 따른 물줄기 굵기 정도와 차이에서 설명하겠다.

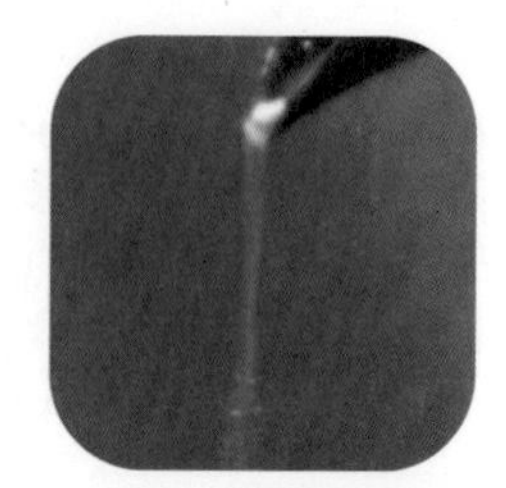
가는 물줄기

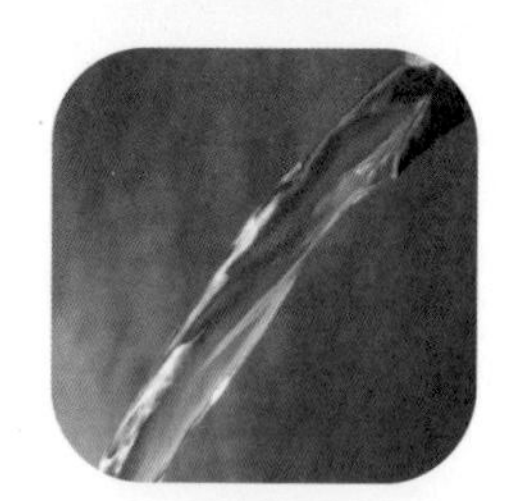
굵은 물줄기

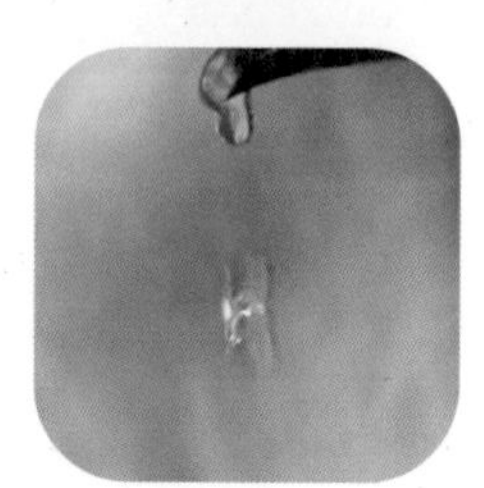
점식(분사식) 물줄기

03

볶음도에 따른 물의 온도

○

약하게 볶은 커피는 대체로 신맛과 단맛이 강하며 입자와 조직이 단단하기 때문에 90℃ 이상의 높은 온도로 추출하는 것이 유효한 신맛과 단맛의 성분을 추출할 수 있다.

중간 정도 볶은 커피는 신맛, 단맛, 짠맛, 쓴맛이 적절히 조화되어 있어 85~87℃ 정도의 온도로 짠맛과 쓴맛을 낮추고 신맛과 단맛의 조화를 표현하는 것이 유리하다.

강하게 볶은 커피는 쓴맛이 많이 포함되어 있으며 종자나 산지에 따라 짠맛도 함유하고 있다.

강하게 볶은 커피는 신맛과 단맛이 많이 줄어 있고 조직도 많이 약해져 있는 상태라서 물의 온도를 80~83℃ 정도로 낮추어서 쓴맛이 쓴맛 같지 않게 추출하는 기술을 터득해야 하며, 줄어 있는 신맛을 추출하여 쓴맛을 낮춤으로 초콜릿 같은 단맛을 추출할 수 있는 기술을 연마해야 한다.

약볶음

중볶음

강볶음

04

볶음도에 따른 숙성 그래프

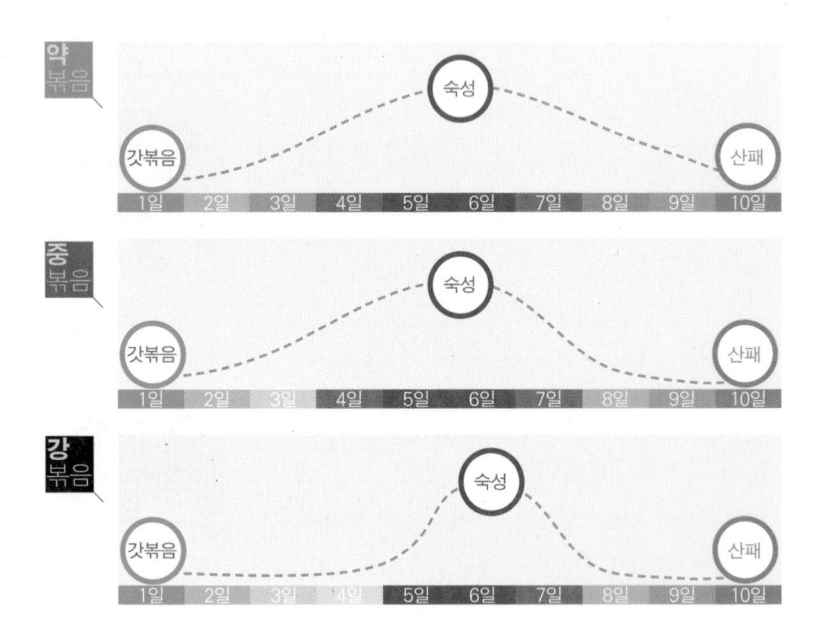

원두는 온도에 민감하여 주변 환경이 너무 덥거나, 공기와 접촉이 잦을 경우 숙성일이 빨라질 수 있으므로 서늘한 곳에 보관하는 것이 좋다. 갓볶은 커피는 향은 좋으나 맛의 깊이가 없고, 숙성된 커피는 맛과 향의 복합적인 매력이 있어서 최고의 숙성 포인트를 찾는 것이 노하우이며, 산패된 커피의 향은 손실이 크고 맛은 진해지지만 매력이 없는 커피가 된다. 즉 가장 최고의 숙성 시기를 찾는 것이 곧 장인의 몫이다.

숙성된 커피

생두는 수많은 다공질(多孔質)로 형성되어 있어 열을 받으면 작은 구멍들이 커지면서 그 속에 이산화탄소(CO_2)와 향성분이 모여 있다가 시간이 지나 숙성이 되면, 이산화탄소와 향성분이 빠져나가고 그 자리에 산소와 수분이 침투하여 숙성이 된다.

05

추출 방법

A. 나선형 추출법

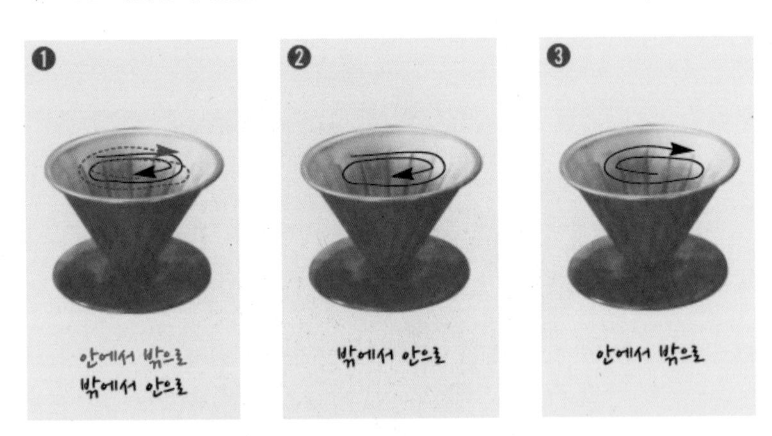

❶과 같은 나선형은 물의 주입량이 많으며, 부드러운 커피를 표현하기 위해 물의 양을 많이 주는 것으로 교반 작용에 주의해야 한다. 부드럽지만 깊이 없는 커피가 추출될 수 있다.

❷와 ❸은 안과 밖의 시작점이 다를 뿐 추출 상태는 같으며, 물의 안배가 적절히 조화되어 어느 정도 깊이 있는 커피가 추출된다.

나선형 추출법을 사용할 경우 성분의 빠짐이 너무 빠른 기구(고노, 하리오, 융)를 사용하지 않는 것이 유리하다. 예를 들어, 멜리타, 칼리타 기구는 초보자가 쓰기에는 유리한 성분을 잡아주는 반침지식, 침지식 스타일이므로 추출 속도(유속)가 빨라도 가벼워지지 않는다. 그러나 물과 접촉이 많은 기구들이므로 불필요한 잡미(텁텁한 rough, 떫음 astrigent, 아린 맛 acrid, 날카로운 맛 sharp, 시큼한 맛 soury, 짠맛 salt) 등이 추출될 수 있으니 세심한 주의가 필요하며 맛이 민감하여 프로들도 어려워하는 기구이다. 즉 초보자가 쓰기에 쉬운듯 하지만 물과 커피의 접촉이 길다는 것은 불필요한 잡미도 함께 추출될 수 있으므로 입자Mesh를 굵게 하여 추출 시간이 길지 않고 잡미가 추출되지 않도록 하는 것이 해결책이다.

B. 중분법(중앙분리 추출법) 저자가 20여 년 동안 연구 개발한 추출법

중앙분리 추출법은 가운데에 입자가 많이 분포되어 있어 첫물을 받아들일 때 지탱할 수 있는 지탱력이 생기므로 가운데에 시작점을 둔 것이다. 원을 그리는 지점을 나선형으로 하게되면 유속이 빨라져 핸드드립의 핵심인 '여과력'이 떨어지게 되므로 물 주입의 안배와 여과력을 고려하여 마무리 시 안으로 들어오지 않는 것이 좋다. 물을 주는 타이밍에 따라 불필요한 잡미, 거품, 미분이 제거되므로 액기스만 추출할 수 있는 분리형 테크닉을 연마하면 깔끔한 커피를 추출할 수 있다.

중분법(중앙분리) 추출법은 커피의 성분을 균일하게 추출하고자 할 경우에 유리하며, 원추형 드립퍼나 융 드립퍼 같은 투과식 스타일의 기구를 사용하는 것이 추출 성분을 조율하여 불필요한 미분이나 잡미 등을 분리하는 시간적 타이밍 조절이 가능해 깔끔한 맛을 낼 수 있다. 추출하는 기술에 따라 커피의 농도도 조율할 수 있는 장점이 있다.

C. 점식(분사식) 추출법

점식(분사식) 추출법은 가장 고도의 기술을 요구한다.

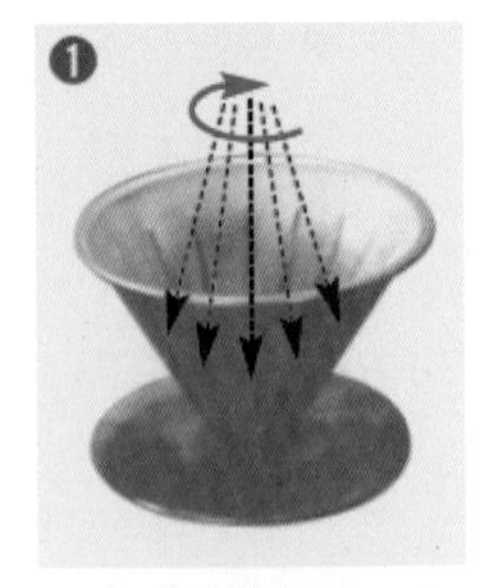

❶은 스윙을 하며 분사하는 방법으로 추출 시간을 단축할 수 있으며 고르게 물을 분사하여 깊이 있는 성분을 추출할 수 있지만 분사하는 물의 조절이 매우 어려워 정교한 기술이 요구된다. 점성viscosity과 여운의 극치를 표현하는 추출법이다.

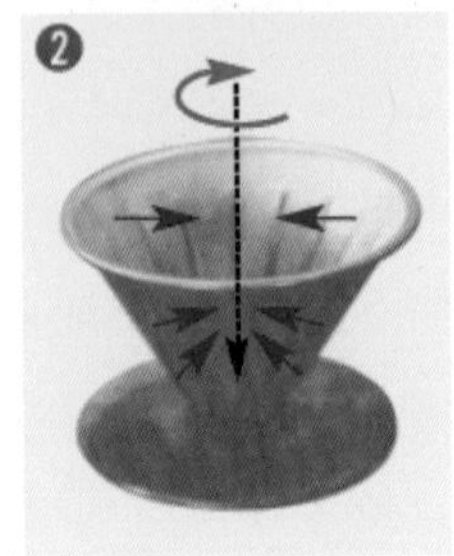

❷는 점식 추출의 기본이며 시간이 많이 걸린다는 단점과 조금 텁텁할 수 있다는 오점을 가지고 있는 추출법이므로 부드러움을 표현할 수 있는 타이밍을 찾아야 한다.

점식(분사식) 추출법은 침지식, 반침지식 기구보다는 원추형 기구나 융 드립퍼 같은 투과식 스타일의 기구를 사용해야 묵직하며 농후한 점성이 추출되어 마시고 난 다음의 긴 여운을 표현할 수 있다.

이렇듯 물을 주입하는 방법은 여러 가지가 있는데 기구적 특성, 분쇄도, 볶음도, 커피의 양을 고려하여 물을 주입해야 한다. 물을 주입할 때 명심해야 할 것은 한 번에 쭉 부어버리면 핸드드립의 '여과력'이 의미가 없어지므로 추출 시 이를 잊지 말아야 한다.

06

볶음도에 따른 뜸과 중점의 변화

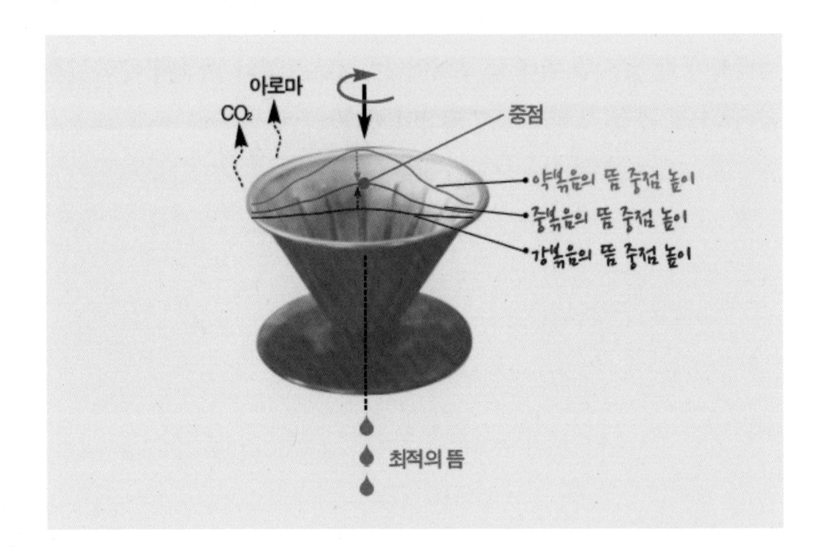

뜸은 본추출을 원활하게 하기 위한 준비 작업이며, 한 방울씩 똑똑 떨어져야 최적의 뜸이다. 약볶음은 중점이 너무 높아지므로 낮추어서 중볶음의 높이에 맞추어야 하고, 강볶음은 중점이 너무 낮으므로 중볶음의 높이로 높여주어야 한다.

뜸에는 두 가지 방법이 있다.

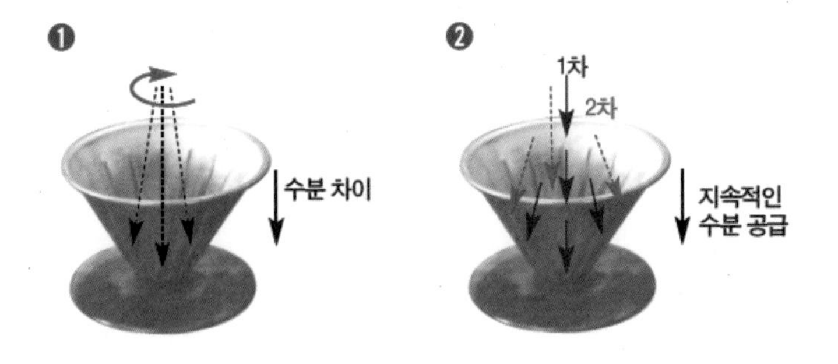

A. 자연적인 뜸

❶은 물을 한 번에 주입하여 전체적으로 적셔질 때까지 기다리는 뜸이다. 이 뜸은 위부터 아래까지 도달하는 시점에 윗부분과 아랫부분의 수분 차이로 윗부분은 말라지는 단점이 있어서 1차 추출이 시작될 때 강제성(말라 있는 윗부분에 물을 주어 강제적으로 입자들을 벌리는 방법)을 두어야 윗부분을 팽창시길 수 있다.

즉, 강제성은 1차 추출 여과력을 떨어뜨린다.

B. 인위적인 뜸(이중, 삼중 뜸)

❷는 수분 공급을 원할하게 하여 위아래 고르게 수분이 분포되도록 주입하는 방식으로 물의 안배력과 균일성이 요구된다. 너무 과해지면 수로 현상이 생길 수 있으니 주의해야 한다.

완벽한 뜸을 들여야 완벽한 추출이 되며, 볶음도에 따라 물 주입 시 중점의 높이를 맞추어야 한다.

❶ 너무 과다하게 뜸을 들이면(중점의 높이가 너무 높으면)
over infusion
본추출은 과소 추출이 된다. under extraciton
over infusion → under extraction

❷ 너무 부족하게 뜸을 들이면(중점의 높이가 너무 낮으면)
under infusion
본추출은 과다 추출이 된다. over extraction
under infusion → over extraction

❸ 완벽한 뜸은 완벽한 추출이 된다.
perfect infusion → perfect extraction

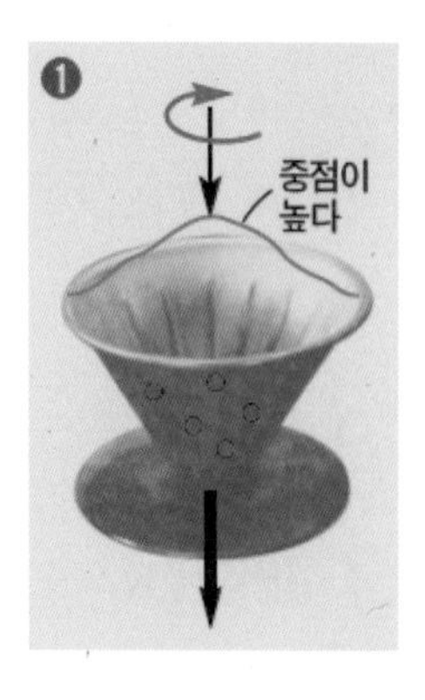

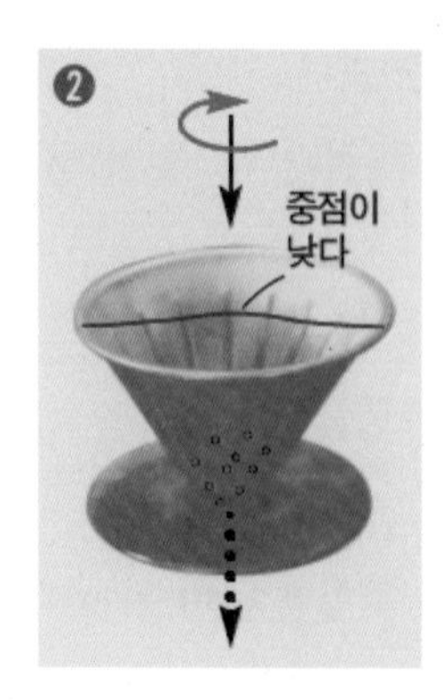

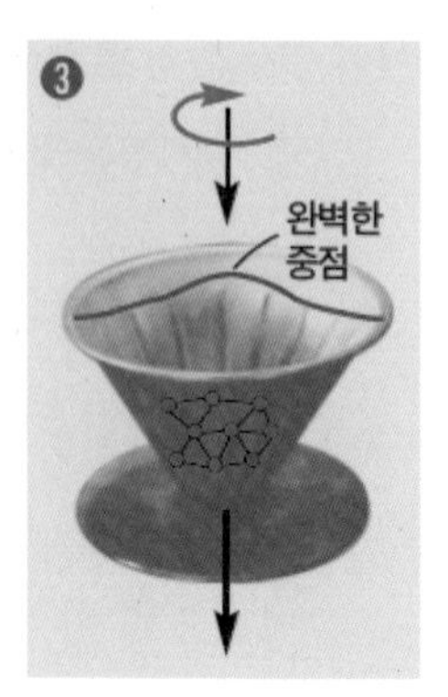

약볶음 뜸의 중점과 물줄기 굵기 정도와 차이

약볶음 커피는 이산화탄소 함량이 많고 입자의 크기가 크므로 뜸들일 때 너무 많은 양의 물을 주입하게 되면 입자와 입자 사이의 간격이 넓어져 본추출 시 빠른 추출이 이루어져 커피의 깊은 맛보다 가벼운 맛이 만들어지게 되며 워싱에 의해 과소 추출under extration 될 수 있다.

보완 방법은 입자를 조금 가늘게 하고 물줄기의 굵기도 조금 가늘게 하여 커피의 성분을 정교하게 뽑아내고, 입자의 중점 높이가 너무 높지 않게 중볶음 중점 높이로 하여 추출 성분의 균형감을 만들면 된다.

❶ 점식(분사식) 뜸의 중점 갓볶은 커피/숙성된 커피

갓볶은 약볶음 커피는 이산화탄소가 많아 뜸의 중점이 높아질 수 있으므로 분사식으로 뜸을 주어 이산화탄소도 방출하고 입자와 입자의 간격이 너무 많이 벌어지지 않게 해야(여과력을 극대화시켜야) 하며, 이산화탄소가 많은 약볶음은 잘 부풀어 올라 추출이 잘 될 것 같지만 오히려 이산화탄소의 방해로 추출 시간이 길어지는 과다 추출over exteaction이 될 수 있어 밍밍하며 잡미(텁텁, 떫음)가 발생될 수 있다.

커피의 맛과 향을 잘 표현하기 위해서는 바로 볶아 바로 추출하는 것보다 숙성시켜서 다공질(多孔質)이 자기 자리로 돌아오는 시점을 찾는 것이 중요하다. 숙성된 커피를 뜸 들일 때도 사용하면 아주 정교한 성분을 추출할 수 있는 준비 작업이 된다.

❷ 가는 물줄기의 뜸의 중점 숙성된 커피

볶은 지 2일~7일 정도된 약볶음 커피는 이산화탄소가 어느 정도 빠져 나가고 그 자리(다공질)에 산소와 수분이 침투하여 자연산화(숙성)가 된다.

물을 가늘게 주어서 뜸 중점의 높이를 너무 높지 않게 조율할 수 있으며, 본추출 시 추출 시간을 안배할 수 있고, 약볶음의 두드러진 맛과 향인 고소함nutty, 과일향fruity, 꽃향floral과 상쾌한 맛acidy, 단맛nippy 등이 표현된다.

❸ 굵은 물줄기의 뜸의 중점 숙성된 커피

볶은 지 2일~7일 정도된 약볶음 커피를 부드럽게 뜸 들이고자 하는 방식이다. 입자의 상태와 간격을 넓혀주어서 본추출 시 부드러운 커피의 맛과 향이 나오게 하기 위함이다.

주의할 점은 중점의 높이가 너무 높지 않게 물의 양을 안배해야 한다. 즉 굵은 물줄기로 물을 주입할 때 스윙의 횟수를 조율해서 높지 않게 해야 하고, 너무 높아지면 본추출 시 수로 현상의 원인이 될 수 있다.

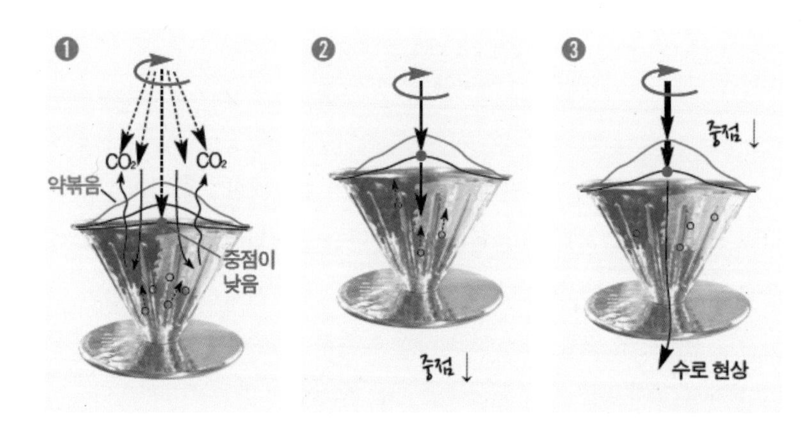

중볶음 뜸의 중점과 물줄기 굵기 정도와 차이

중볶음은 약볶음에 비해 중점의 높이가 안정적이고 입자의 간격이나 높이가 너무 높지 않아 전체적으로 균형감을 이루어 본추출에 균일한 추출 시간을 표현할 수 있다. 그렇다고 모든 커피의 배전도를 추출이 편하다고 중볶음에 맞출 수는 없고 가장 최적의 볶음 포인트를 각 로스터가 찾아서 그에 맞는 가장 이상적인 추출 시스템을 만들어내야 한다.

❶ 점식(분사식) 뜸의 중점 갓볶은 커피/숙성된 커피

갓볶은 중볶음 커피는 마치 숙성이 진행되는 약볶음 처럼 중점의 높이가 그리 높지 않지만 안정적인 뜸을 들이기 위해 분사식으로 물을 주입한다. 분사식 주입은 중점의 높이를 조율할 수 있으며, 본추출 시 안정적이고 깊이 있는 맛과 향이 표현된다. 또한 숙성된 중볶음 커피를 분사식으로 뜸을 들이면 커피의 성분을 아주 섬세하게 표현할 수 있는 준비 작업이 되며, 본추출 시 커피의 맛과 향을 농후하게 표현할 수 있다.

❷ 가는 물줄기의 뜸의 중점 숙성된 커피

볶은 지 3일~7일 된 중볶음 커피를 가는 물줄기로 뜸을 들이면 숙성되어 있기 때문에 중점의 높이가 안정적으로 진행되어 마치 숙성된 약볶음 중점의 높이가 된다. 물줄기가 너무 굵지 않기 때문에 본추출 시 추출 균형감이 안정적이다.

❸ 굵은 물줄기의 뜸의 중점 숙성된 커피

굵은 물줄기로 뜸을 들인다는 것은 본추출 시 부드럽게 맛과 향을 표현하고자 준비하는 뜸 방식이다. 중점의 높이는 숙성된 커피이므로 안정적으로 유지되어 부드러운 커피를 표현할 수 있다.

그러나 너무 굵은 물줄기의 뜸은 본추출 시 여과력이 떨어져 중볶음에서 당성분(단맛)이 적게 추출될 수 있어 쓴맛이 증가할 수 있으므로 주의한다.

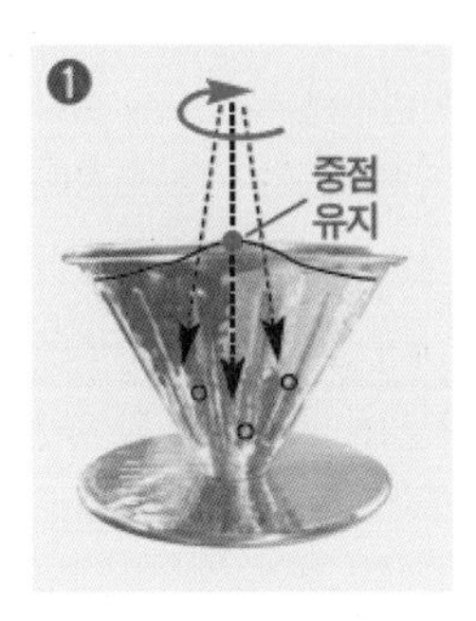

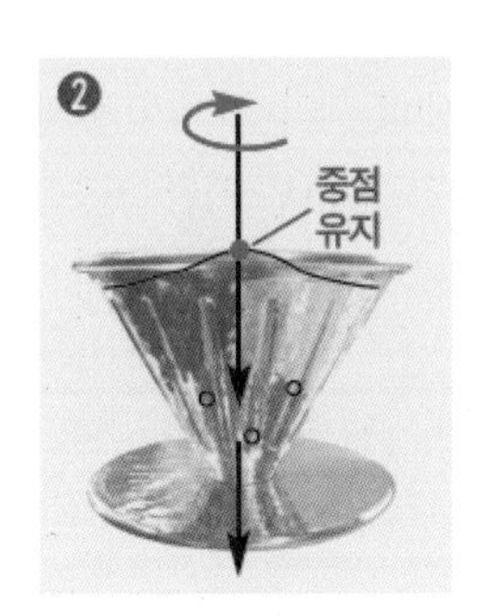

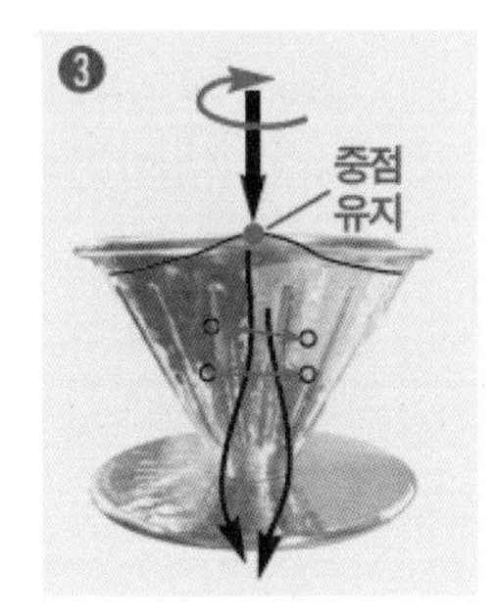

강볶음 뜸의 중점과 물줄기 굵기 정도와 차이

강하게 볶아진 커피입자들은 이산화탄소 함량이나 수분이 많이 부족해 뜸을 들일 때 분사식으로 주입해야 한다. 만약 조금이라도 많은 물을 주입한다면 입자의 지탱력이 약해져 수로 현상이 발생되고 본추출 시 쓴맛이 증가하는 원인이 된다.

❶ 점식(분사식) 뜸의 중점 갓볶은 커피/숙성된 커피

강하게 볶은 갓볶은 커피는 수분이 많이 빠져 있지만 이산화탄소가 조금 있어서 마치 추출이 잘되는 것처럼 보이지만 다공질에 커피의 성분이 집중되어 있지 않아 추출 시 깊이 있는 맛과 촉감이 부족하다. 그러므로 강볶음에 적당한 숙성 포인트를 찾아서 점식(분사식)으로 뜸의 효과를 내야 한다. 또한 갓볶은 강볶음 커피는 이산화탄소에 의해 중점이 어느 정도 유지되는 듯하지만 깊이가 없다.

숙성된 경우 뜸을 들일 때 스피드 있게 분사하여 위아래로 고르게 중점의 높이를 유지하며 지속적으로 끌어 올려야 깊이 있는 커피가 만들어진다.

❷ 가는 물줄기의 뜸의 중점 숙성된 커피

숙성된 강볶음을 가는 물줄기로 뜸을 들이면 중점의 높이가 낮아질 수 있으며, 분사식보다 강하기 때문에 가운데나 주변에 물의 세기를 고르게 나누어서 뜸을 들여야 한다. 또한 위아래 지속적으로 얹어 놓듯이 주의해서 물을 주어야 완벽한 뜸을 들일 수 있다.

❸ 굵은 물줄기의 뜸의 중점 숙성된 커피

강볶음 커피를 굵은 물줄기로 뜸을 들이면 중점의 높이가 어느 정도 안정적으로 보이나 수분이 적어 여과층의 여과력이 굵은 물줄기의 힘에 무너져 수로 현상이 진행될 수 있고, 본추출 시 과소 추출under extraction에 의한 쓴맛이 증가되는 결과가 나올 수 있으므로 주의해야 한다.

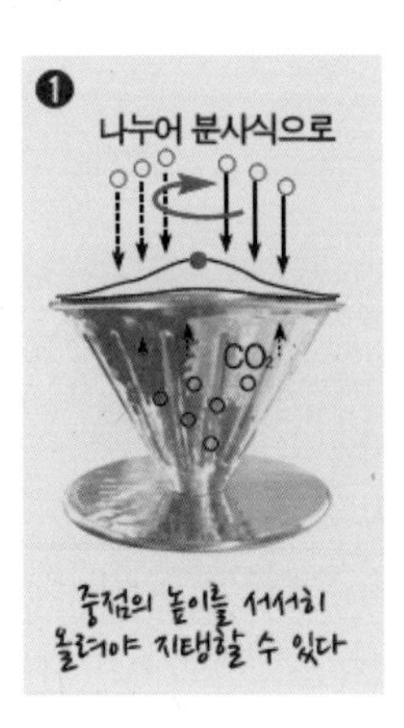

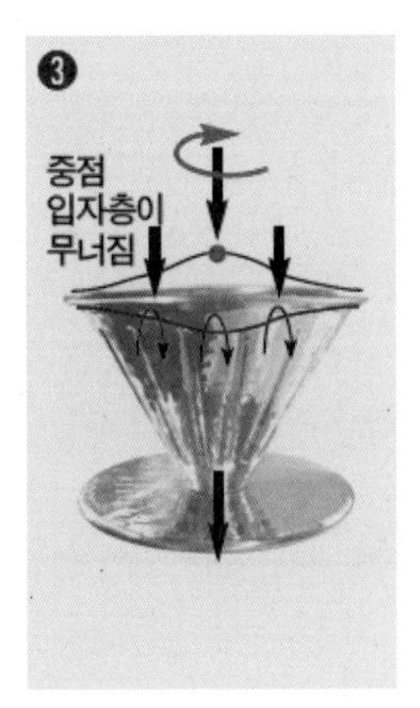

감각적인 뜸의 기술

결론은 볶음도에 따른 핸드드립에서 뜸의 중점은 뜸을 얼마나 안정적으로 중점의 높이로 끌어 올리고 내리느냐에 따라 본추출 시 좋은 성분을 뽑아낼 수 있는 여과력의 핵심인 것이다. 또한 볶음 정도와 숙성 정도에 따라 달라지는 뜸의 반응을 위·중간·아래 입자에 고르게 물을 주입하여 안정적인 뜸을 들일 수 있는 것이 바로 감각적인 뜸의 기술인 것이다.

07

볶음도에 따른 추출 중점의 변화

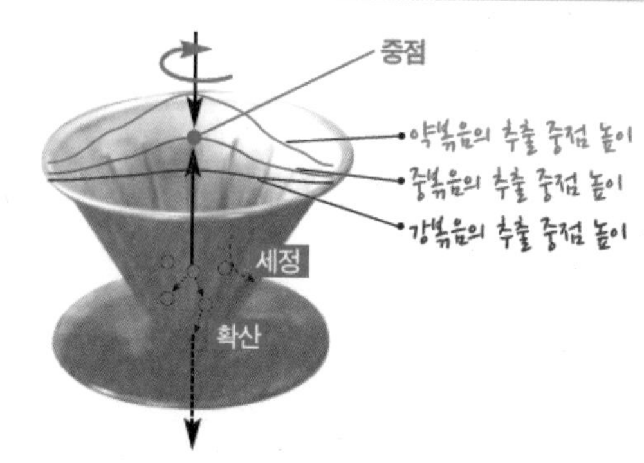

완벽한 추출perfect extraction은 분쇄 입자 속에 있는 커피 성분을 뜨거운 물을 통해 확산Deffusion과 세정washing을 얼마나 정교하게 하여 양질의 성분을 뽑아내느냐에 달려 있다. 모든 추출 기구는 적절한 추출 시간(뜸, 1차, 2차, 3차, 4차)을 맞추어야 좋은 성분을 뽑아낼 수 있다. 단순히 물을 붓는 것은 추출 개념이 없는 것이다.

추출 시간의 배합 비율(g=cc) 원리

	뜸 + 추출 시간				추출 %			
	약볶음	중볶음	강볶음		1차	2차	3차	4차
갓볶은 원두	30초	25초	20초		25%	25%	25%	25%
숙성된 원두	25초	20초	15초					
30g=100cc (진한 커피)	30초 ~ 15초 + 1분 1분 30초 ~ 1분 15초			= 100cc =	15초 + 25cc +	15초 + 25cc +	15초 + 25cc +	15초 25cc
20g=200cc (부드러운 커피)	30초 ~ 15초 + 1분 20초 1분 50초 ~ 1분 35초			= 200cc =	20초 + 50cc +	20초 + 50cc +	20초 + 50cc +	20초 50cc

*주의할 점은 1인 기준 추출 시간이 2분을 넘어서는 안 된다

이렇듯 뜸과 추출 시간의 차이는 볶음도와 숙성 정도에 따른 이산화탄소 함량과 수분 차이 때문에 일정하게 정할 수 없다. 추출 시간을 늘리고 줄이고 하는 방법은 볶음도와 물줄기의 굵기, 입자의 분쇄도를 명확히 이해하여 좋은 성분(맛과 향)을 뽑아내는 시점을 찾는 것이다. 아무리 좋은 재료를 가지고 훌륭한 로스팅 기술을 발휘하여도 추출 시간이 오버되면 잡미가 추출되므로 커피 한 잔의 가치가 떨어지는 것이다.

그렇다고 너무 빨리 추출하면 잡미가 나오지 않기 때문에 좋을 듯하지만 깊이 있는 성분이 나오지 않아 오히려 밋밋할 수 있으니 주의해야 한다.

약볶음 추출의 중점과 물줄기 굵기 정도와 차이

❶ 점식(분사식) 추출의 중점 갓볶은 커피/숙성된 커피

갓볶은 커피일 경우 이산화탄소 함량이 많으므로 이산화탄소를 분리하면서 추출 중점을 너무 높지 않게 조율하기가 쉽지 않다. 가는 물줄기나 굵은 물줄기보다 안정적으로 중점을 낮출 수는 있지만 그리 권장할 만한 방법은 아니다.

오히려 숙성된 커피를 추출하는 데 더 유리하며 물을 주입할 때 점식으로 주입하므로 중점의 높이가 너무 낮지 않게, 스피드 있게 조율하여 과다 추출이 되지 않게 해야 한다. 그리고 약볶음 커피의 경우 신맛이 과도해질 수 있고 상대적으로 짠맛이 증가할 수 있기 때문에 1차, 2차 추출에서 신맛과 단맛의 성분 비율을 25%씩 균일하게 추출해야 하며 추출시 물 주입량이 적으므로 시간적인 안배가 필요하다. 단맛을 많이 뽑아내면 상대적으로 신맛과 짠맛을 조율할 수 있다.

❷ 가는 물줄기 추출의 중점 숙성된 커피

약하게 볶은 커피를 가는 물줄기로 추출할 때 추출 중점이 너무 높지 않게 물의 양을 조율해야 추출 성분을 균일하게 뽑을 수 있고 진하면서도 부드러운 커피를 표현할 수 있다. 분사식 물줄기보다 조금 굵기 때문에 부력으로 중점이 올라갈 수 있으므로 주의해야 한다.

❸ 굵은 물줄기 추출의 중점 숙성된 커피

전체적으로 커피의 맛을 부드럽게 표현하고자 하는 추출법으로 과도한 난류 현상이나 교반 작용이 발생되지 않게 상하로 추출하지 말고, 좌우로 부드럽게 추출하여 균형된 맛을 표현한다.

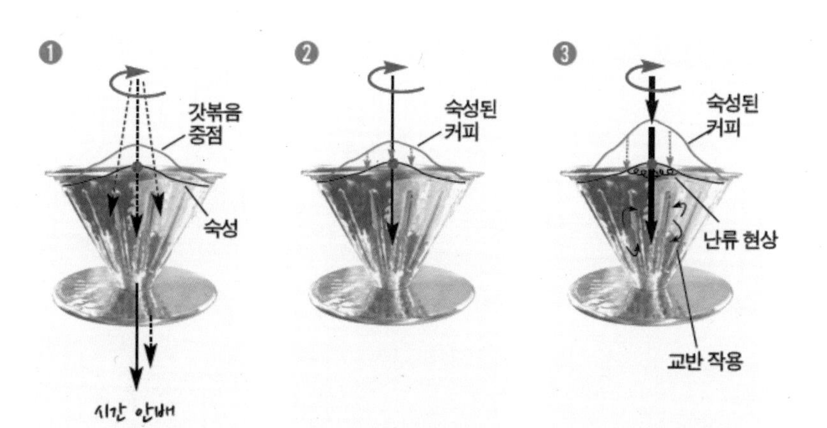

중볶음 추출의 중점과 물줄기 굵기 정도와 차이

❶ 점식(분사식) 추출의 중점 숙성된 커피

중볶음은 중점의 높이가 안정적이므로 1차와 2차 추출에서 분사식으로 추출하여 신맛과 단맛을 추출하면 전체적으로 농후함과 중후함을 표현할 수 있으나, 추출 시간 안배를 잘못하게 되면 과도한 짠맛과 쓴맛, 탁한 맛이 추출될 수 있으니 주의해야 한다. 즉 물의 주입량이 적으므로 추출 시간이 길어져 잡미가 나올 수 있다.

❷ 가는 물줄기 추출의 중점 숙성된 커피

전체적으로 깊이 있는 중후함과 농후함을 표현하고자 하는 방법으로 가늘게 물을 주입함으로써 마시고 난 다음의 여운이 점식으로 내린 커피보다 훨씬 부드럽게 느껴진다.

❸ 굵은 물줄기 추출의 중점 숙성된 커피

중후하면서 약볶음의 커피보다 볼륨감 있는 커피를 표현하기 위한 방법이고 과도한 물줄기로 교반 작용이 이뤄지지 않게 상하로 움직이지 않도록 한다.

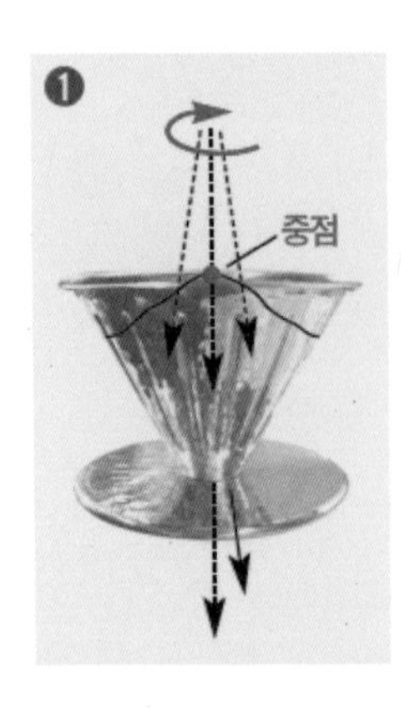

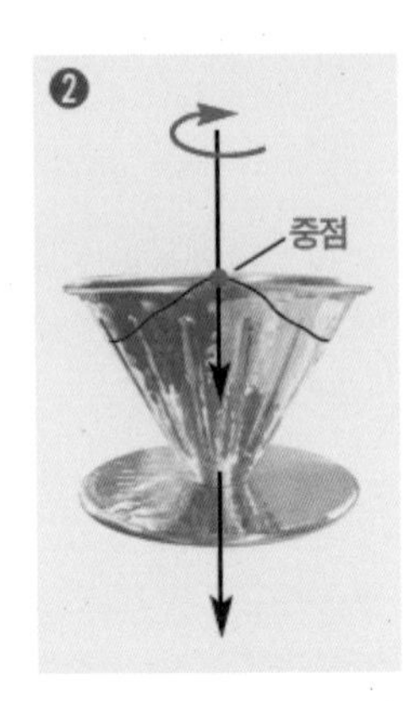

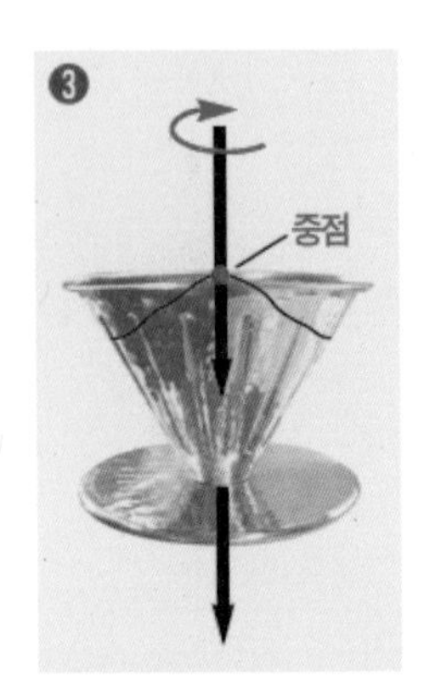

강볶음 추출의 중점과 물줄기 굵기 정도와 차이

❶ 점식(분사식) 추출의 중점 숙성된 커피

강볶음 커피 추출에서 주의해야 할 점은 추출 중점이 너무 낮지 않게 해야 한다. 추출 중점이 낮으면 추출 여과력이 떨어지고 과다 추출이 될 수 있어 쓴맛이 증가하게 된다.

강볶음 특유의 향미flavor인 송진향, 초콜릿향, 스파이시향, 후추향, 삼나무향, 민트향, 정향 등을 농후하게 뽑고자 하는 추출법으로 끈끈한 점성viscosity을 추출할 수 있다면 마시고 난 다음의 여운이 가장 파워풀한 드립커피가 된다.

일단 추출할 때 강볶음 커피의 최대 단점인 쓴맛을 감소시키기 위한 방법을 알아야 한다. 쓴맛을 낮추는 방법은 강볶음의 부족한 신맛을 얼마나 잘 추출할 수 있느냐에 달려 있으며, 점식 추출은 가장 이상적인 방법이라 할 수 있다. 즉 신맛이 쓴맛을 낮추면 쓴맛 속에 가려 있던 단맛을 표현할 수 있고 그 맛이 쏘는 듯한 맛pungent으로 표현되며 강볶음 특유의 크리미하며 오일리한 촉감을 표현할 수 있다. 뒷맛aftertaste은 아주 부드러운 촉감으로 가장 오랫동안 남는 향미를 표현할 수 있다.

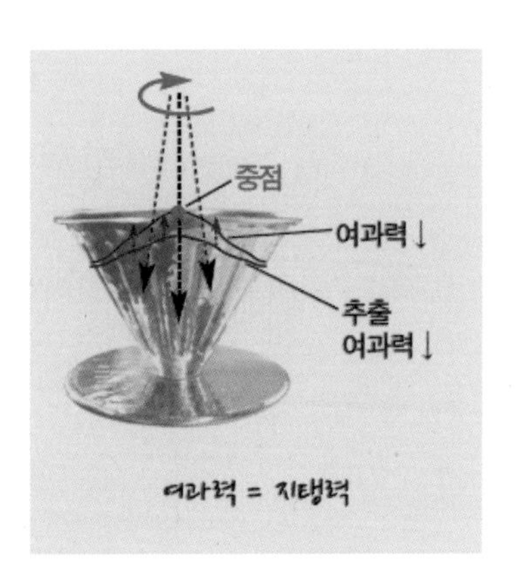

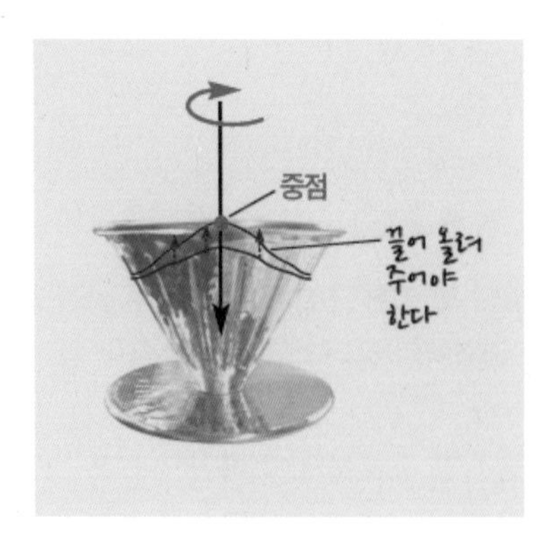

❷ 가는 물줄기 추출의 중점 숙성된 커피

숙성된 강볶음 커피는 다공질이 자기 자리를 잡을 때까지 다른 볶음도 보다 긴 시간이 걸리며, 숙성되어야 입자에 붙어 있는 여러 성분들이 분쇄했을 때 균일하게 붙어 있어 그 입자와 입자 사이를 가는 물줄기로 아주 정교하게 추출하는 확산(deffusion)을 할 때 깊이 있는 맛을 표현할 수 있다.

강볶음 커피는 수분이 적으므로 물을 주입하는 추출 시간이 빨라야 상하에 고르게 물이 주입되어 고르게 추출된다. 그리고 시간 안배를 잘하면 아주 부드러우면서도 깊이 있는 커피가 표현된다.

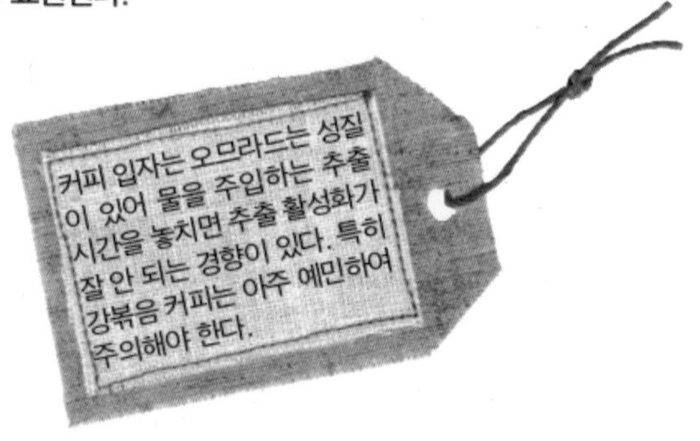

❸ 굵은 물줄기 추출의 중점 숙성된 커피

강볶음 커피를 굵은 물줄기로 추출하게 되면 추출 중점이 높아져서 여과력(지탱력)이 떨어지고 의외의 쓴맛이 상대적으로 부드러워지는 듯하지만 강볶음 특유의 맛과 향이 감소해서 오히려 개성이 없어지고 과소 추출의 원인이 되어 밋밋해진다.

강볶음 커피를 굵은 물줄기로 추출해서 교반이 이루어지는 것보다는 입자를 조금 굵게 해서 가는 물줄기로 교반이 이루어지지 않을 정도까지 스윙하여 입자에 붙어 있는 커피 성분을 정교하게 확산과 세정을 통해 추출 여과력을 증대시키면서 부드럽게 균형감을 만들면 맛과 향이 진하고 부드러운 여운을 느낄 수 있다.

추출을 잘하려면 '입자'를 알아야 한다.

커피의 로스팅 포인트가 다양한 이유?

약볶음을 최적의 포인트로 두는 이유는 커피가 가지고 있는 본질적인 향의 다양성을 표현하기 위한 것이고, 중볶음을 최적의 포인트로 두는 이유는 복합적인 향은 조금 줄지만 다소 무거워진 맛과 향을 표현하기 위한 방법이며, 강볶음을 최적의 포인트로 두는 이유는 약볶음이나 중볶음에서 찾을 수 없는 완전히 다른 향, 깊이 있는 맛, 점성이 느껴지는 촉감과 향이 가장 오래 지속되는 매력 때문이다. 그러나 볶음도를 달리해서 약·중·강의 다양한 포인트로 표현하는 커피도 있지만 절대로 강볶음을 해서는 안 되는 커피도 있는 것이다.

요즘 전 세계적인 흐름은 스페셜급이나 COE급 커피의 로스팅 포인트를 약볶음으로 하여 복합적인 맛과 향을 표현하는 추세이다. 또한 특정한 커피를 강볶음으로 표현하여 흔하게 맛볼 수 없는 강한 맛과 향을 만들어내는 것도 실력 있는 로스터만의 능력이라 할 수 있다.

08

입자(Mesh)

핸드드립을 할 때 입자의 굵기에 대해 이야기를 많이 하는데, 결국 추출을 잘하려면 입자의 중요성이 배제될 수 없다. 따라서 좋은 그라인더grinder가 필요하며, 그라인딩 시 열 발생률의 최소화와 균일한 입자 분포도, 미분, 은피(실버스킨)의 분리 상태가 중요하다.

볶음도에 따라 밀도의 차이가 있으므로 추출하고자 하는 상황에 맞게 약볶음과 중볶음, 강볶음을 두루 쓰는 곳에서는 입자의 중점을 잡아 추출하고자 하는 물의 양, 굵기, 볶음도에 따른 입자의 분포 상태를 고려하여 추출 시스템을 구축해야 한다.

약복음 커피의 입자는 밀도가 단단해서 상대적으로 굵게 분쇄될 수 있기 때문에 물줄기의 굵기 조절, 물의 주입 속도, 물의 주입량을 고려하여 너무 빨리 세정되지 않도록 해야 한다. 너무 빨리 내리게 되면 커피의 맛과 향 성분이 덜 추출되어 깊이가 없게 된다.

중복음 커피는 입자의 균일한 정도가 중간적으로 분포되어 있기 때문에 물줄기의 굵기 조절 및 물의 주입 속도를 안정적으로 맞추면 추출하는 데 크게 문제되지 않는다. 그렇다고 모든 커피를 중복음에 맞춘다면 각 산지별로 최고의 포인트를 잡는 데 있어서 아쉬운 부분일 것이다.

강복음 커피의 입자는 밀도가 약해서 너무 가늘게 분쇄될 수 있기 때문에 분쇄시 중복음 입자 굵기로 조절하여 추출해야 과다 추출이 발생하지 않는다.

09

여과

A. 확산(deffusion)

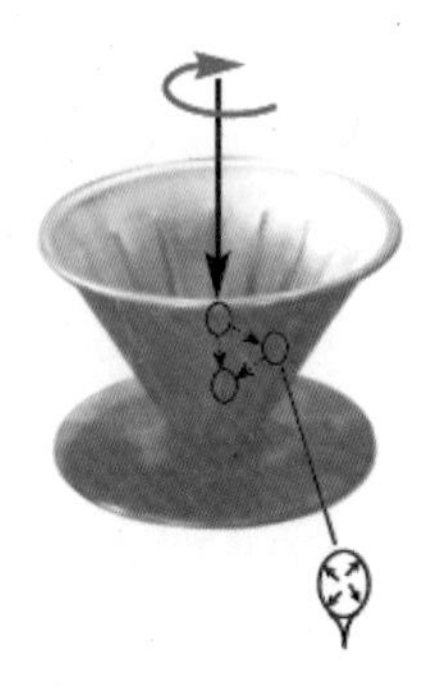

입자와 입자 사이에 물을 주입할 때 입자 속에 있는 커피 성분을 투과하여 추출하는 방법이 확산이다. 확산을 하는 이유는 커피의 맛과 향을 깊이 있게 표현하고자 하는 방법이며, 진한 커피를 뽑고자 할 때 사용된다.

그러나 주의할 점은 확산 추출은 생두의 품질이 좋아야 하고 로스팅에서 당성분을 만드는 기술이 뛰어나야 하며 그 당성분을 추출할 수 있는 고도의 추출 기술을 요구하는 것이다.

즉, 진하게 추출한다는 것은 다시 말해 커피의 맛과 향에 대한 자신감의 표현이다.

여기서 우리가 에스프레소에 대해 간과하는 경향이 있는데 기술적인 테크닉만 익힌다고 에스프레소가 만들어지는 것은 아니다. 에스프레소든 진한 핸드드립 커피든 진할수록 맛과 향의 편차를 줄이는 것이 더 어렵기 때문이다.

B. 세정(washing)

세정은 커피를 추출할 때 전체적인 균형감과 부드러움을 표현하기 위한 방법이다. 단 주의할 점은 로스팅에서 당성분이 얼마나 잘 만들어졌느냐에 따라 부드럽게 세정을 해도 고유한 당성분의 맛과 향이 부드럽게 표현되어야 하는데 좋은 생두를 쓰지 않고 로스팅 시 당성분이 만들어지지 않았다면 세정을 해도 부드러운 당성분의 맛과 향보다 염성분에 의한 텁텁함rough, 날카로운 맛sharp, 떫은맛Astringent, 산성분에 의한 시큼한 맛soury, 아린 맛acrid, 쏘는 신맛hard의 잡미가 표현된다.

커피의 평가 방법

핸드드립을 잘하기 위해서는 맛과 향을 구분할 수 있어야 한다. 구분법으로는 커핑, 드리핑, 에스프레소가 있다.

커핑(cupping)은 생두의 품질을 평가하는 목적으로 시행하는 가장 기본적이고 정교한(detail) 작업으로 로스팅 포인트는 2차 크랙 전에 이루어진다.

드리핑과 에스프레소 평가는 로스팅의 최적의 포인트를 찾는 평가 방법이므로 약볶음이든 중볶음이든 강볶음이든 로스터의 표현을 고객에게 표현하는 향미 분석 분류이며, 이런 중볶음 이상 강볶음을 커핑하게 되면 쓴맛(bitter)이 개입되어 커핑의 의미가 없어지게 된다.

대학에서 또는 아카데미에서 있었던 상황을 예로 들면, 분명 좋은 생두와 최적의 포인트로 로스팅된 원두를 드리핑이나 에스프레소를 통해 표현했을 때 잘못된 향미 분석 분류가 나온 경우가 있었다. 그 이유는 추출할 때 당성분을 추출하지 못해서 발생되는 경우였다. 우리는 맛과 향을 구분하기 위해 여러 방법을 사용하지만 추출에서 맛과 향의 '기준'을 알면 로스팅 기술과 그린빈의 품질을 보는 안목에 도움이 될 것이다.

모든 기술은 기술로 발전하는 것이 아니라 맛과 향을 구분하는데서 비롯되며, 향미 분석 분류가 가능하면 오히려 로스팅 기술이나 생 두품질 검사 기술, 추출(드리핑, 에스프레소) 기술 등을 보완할 수 있다.

커핑은 말 그대로 입 속에 여과지를 넣은 것처럼(좋은 맛과 나쁜 맛을 걸러 구분할 줄 아는) 아주 오랜 시간 동안 매일 아침 공복 상태에서 30분 이상을 10년에서 20년 이상 수행해야 훌륭한 '커퍼'가 되는 것이다.

아메리카노의 유례

이탈리아에 관광을 온 미국인들이 진한 이탈리아식 커피인 에스프레소(espresso)에 물을 섞어서 먹는 모습을 보고 이탈리아 바리스타가 미국 관광객을 위해 만든 메뉴이다. 카페 아메리카노(caffè americano) 여기서 이탈리아어에 no가 붙으면 영어로 like(~처럼)의 뜻으로 미국인들이 먹는 커피(물로 희석한 에스프레소)이다.

이것이 우리나라에 1999년 스타벅스를 통해 여과 없이 들어와 마치 아주 오랫동안 있었던 메뉴인 것처럼 원두커피의 대명사로 많은 사람들이 아메리카노를 찾는다.

스타벅스가 들어오기 전에는 무엇이라 불렀을까?

바로 아메리칸 스타일 커피, 레귤러 커피, 하우스 블랜드 커피 등으로 불리던 것이 아메리카노로 바뀐 것이다.

이탈리아 장인 바리스타들!

관광객들이 와서 아메리카노를 달라고 하면 절대로 주지 않으면서 오히려 아쿠아스포르카(더러운 물)라 하며 보낸다고 한다.

10

교반 작용 추출 여과력이 떨어짐

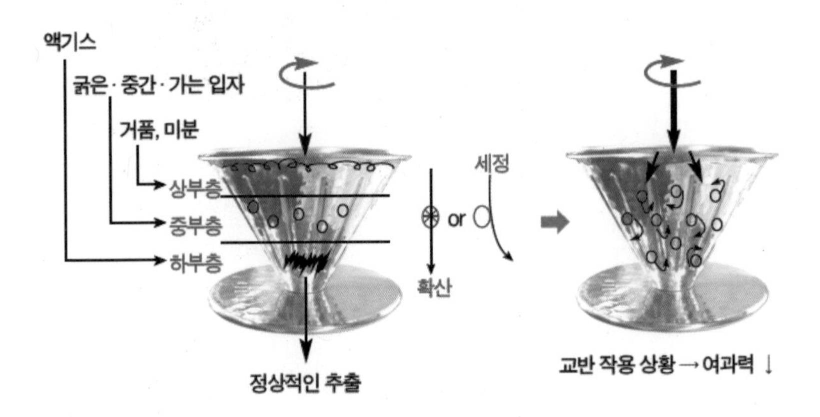

○

입자의 분포를 균일하게 만들 상부층(거품, 미분), 중부층(굵은 입자, 중간 입자, 가는 입자), 하부층(액기스)을 통과하는 여과력의 물 흐름이 자연스럽게 확산과 세정의 흐름으로 이루어져야 하는 것이다.

너무 높은 곳에서 주입하거나 너무 굵은 물줄기로 상하로 추출하게 되면 커피의 입자와 입자층 균형이 깨져 추출 여과력이 떨어지고 잡미 성분인 쓴맛bitter, 텁텁함rough, 떫은astrigent, 아린acrid, 쏘는hard, 시큼한soury, 날카로운sharp 맛이 표현되며 중후함body의 표현과 균형감balance의 표현도 평이한flat 맛으로 표현된다.

11 난류 현상 표면의 거품 현상

난류 현상은 물을 주입할 때 물의 주입량과 속도에 의해 발생되는 현상으로 상부층(거품과 미분)과 중부층(굵은 입자, 중간 입자, 가는 입자)의 커피 입자가 섞이거나 분리되면서 자리잡음으로써 추출 상태인 확산과 세정이 진행되는데 이것이 과도해지면 교반 작용이 일어난다.

즉, 난류 현상은 물의 흐름에 의해 진행되는 현상이므로 과하지만 않으면 자연스러운 현상이다.

갓볶은 커피의 경우 이산화탄소가 많아 중점의 높이가 높아지는 이유가 바로 난류 현상이므로 입자를 조금 굵게 해서 자연스럽게 워싱이 이루어지면서 이산화탄소를 분리시키면 난류 현상에 의한 중점의 높이도 조율할 수 있다.

12

수로 현상

과도한 뜸(물의 양이 많거나 너무 굵은 물줄기)으로 인해 입자 속에서 물길이 생긴 현상이다. 본추출 시 여과력이 떨어져 커피의 맛과 향, 중후함, 균형감, 여운이 밋밋한 결과를 가져온다.

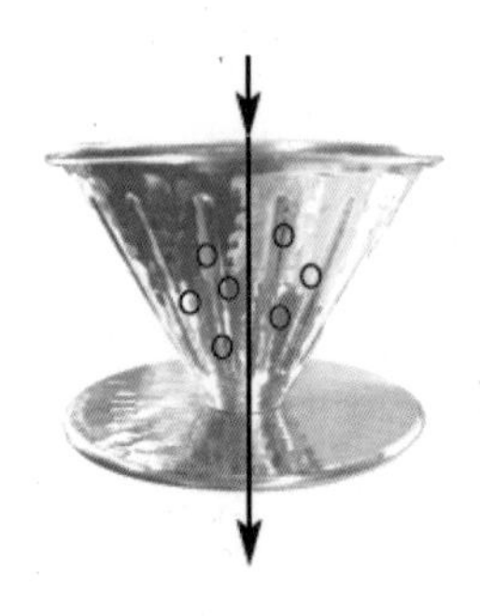

13

신맛, 짠맛, 쓴맛을 조율하는 추출법

A. 신맛이 많은 커피를 조율하는 추출법

신맛이 많은 커피(종자)들은 예를 들어, 에티오피아arabica origin, 예멘arabica origin, 케냐ruiru11, sl28, sl34, 탄자니아bourbon, sl28, 콜롬비아 나리노catura, 코스타리카catura 등의 커피들은 약하게 볶으면 신맛을 많이 함유하고 있는데 상대적으로 단맛을 표현해줌으로 해서 강한 신맛의 성분을 조율할 수 있다. 물론 구성면에서 신맛, 단맛, 짠맛은 커피의 종자와 볶음도에 따라 표현되는 성질은 다소 차이가 있는데 커피를 볶는 로스터가 신맛이 많이 함유된 지역별, 종자별 커피를 볶을 때 상대적으로 '단맛'을 잘 표현해 주어야 신맛이 많은 커피를 조율할 수 있고, 로스팅 시 열량에 의해 공기 흐름을 조율해 주면 단맛을 잘 표현해 줄 수 있다.

상대적으로 댐퍼damper 조작에 의한 공기 흐름이 오히려 열량 손실을 가져올 수 있어 댐퍼를 사용하는 로스터기는 세심한 주의를 필요로 한다(향후 많은 기계들이 댐퍼가 없는 기계로 발전할 것 같다).

이렇게 신맛이 증가되고 단맛이 포함된 커피를 추출할 때 1차 추출에서 신맛의 유효 성분을 추출하는 두 가지 방법을 소개하겠다.

부드럽게(세정법) 추출하는 방법과 농후하게(확산법+세정법) 추출하는 방법이 있다.

❶ 부드럽게(세정법) 추출하는 방법

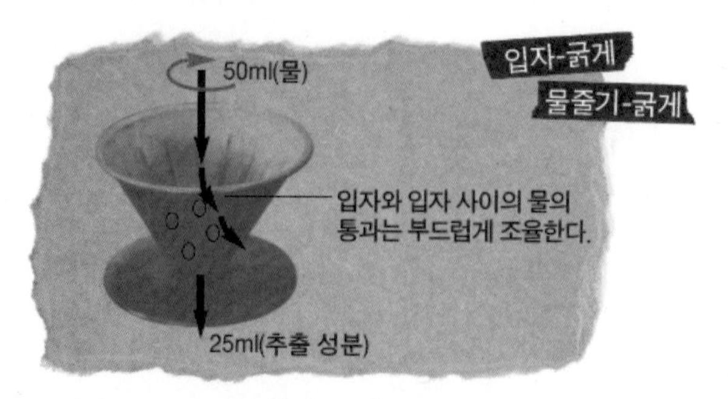

1차 추출할 때 세정법으로 신맛을 완화시키고 2차, 3차에서 신맛과 단맛의 구성을 부드럽게 해줌으로써 신맛과 단맛의 균형감을 부드럽게 만들어주는 방법이다.

❷ 농후하게(확산법) 추출하는 방법

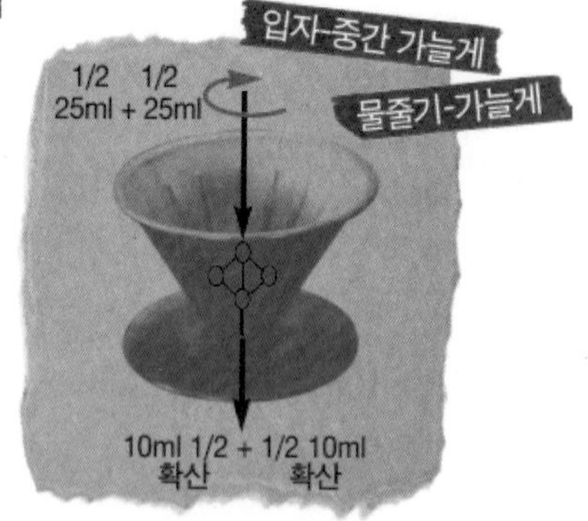

1차 추출할 때 확산법으로 신맛을 농후하게 나누어 추출하여(물질 이동의 원리) 2차 추출과 3차 추출에서 신맛과 단맛 성분을 확산하여 상대적으로 1차에서 진한 신맛을 단맛의 농도로 조율해야 상대적으로 강한 신맛이 단맛과 어울려 조화롭게 만들 수 있다.

즉, 신맛이 너무 과도해지면 상대적으로 짠맛같이 느껴지는 현상이 발생되는데, 온도가 내려가면 짠맛이 아니라는 것을 알 수 있다. 신맛이 너무 과도하게 추출되지 말아야 짠맛도 과도해지지 않는데 이 완충 역할을 하는 것이 바로 '단맛'이다.

여기서 다시 한번 강조하지만 튀는 신맛을 줄이고 단맛을 증가시키는 방법은 로스팅할 때 열량의 중요성으로 흡열 반응을 최대화하고, 1차 추출에서 신맛과 뒤이은 단맛의 구성면을 어떻게 조율할 것인가가 숙제인 것이다.

B. 짠맛이 많은 커피를 조율하는 추출법

짠맛이 많은 커피(종자)들 예를 들어, 파푸아뉴기니mundo novo, 브라질mundo novo, 엘살바도르pacas, 멕시코bourbon, catura, 페루typica, 인도네시아 수마트라catimor, 과테말라catura 등의 커피들을 약하게 볶게되면 신맛, 단맛과 함께 짠맛도 함유하게 되는데 로스팅 시 열량이 부족하게 되면 종자와 상관없이 짠맛이 증가하게 되고, 추출 시 시간이 길어지면 짠맛이 증가하게 된다. 그래서 로스팅시 열량을 완벽하게 주어야 하며 추출 시 시간 안배가 중요한데 로스팅에서 표현해줌으로써 상대적인 짠맛을 완화시키는 방법은 1차 추출 시 신맛의 표현을 확산과 2차 추출 시 단맛의 표현을 확산, 3차, 4차 추출 시 단맛과 짠맛의 구성면에서 세정으로 추출 균형감balance을 잡는 것이 핵심이다.

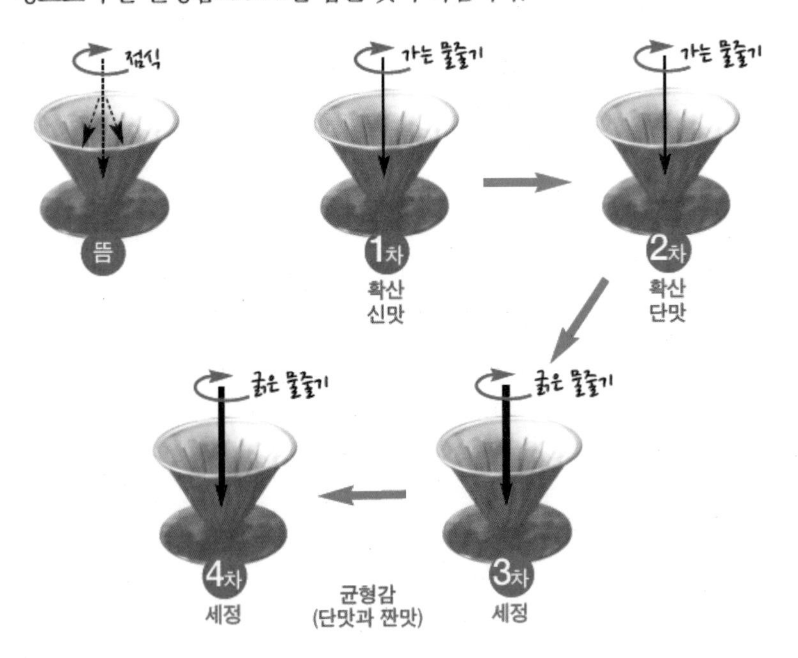

C. 쓴맛이 많은 커피를 조율하는 추출법

쓴맛이 많은 커피(종자)들 예를 들어, 케냐ruiru11, 콜롬비아 후일라catura, 과테말라catura, 예멘arabica origin 에티오피아 내추럴arabica origin 브라질 내추럴mundo novo 인도네시아 수마트라catimor 등의 커피들은 강하게 볶게 되면 상대적으로 쓴맛이 증가하면서 신맛과 단맛이 감소하게 되는데 이 증가된 쓴맛을 쓴맛같지 않게 표현하려면 부족한 신맛을 추출하여 쓴맛을 낮추는 추출과 쓴맛을 부드럽게 해서 전체적으로 부드러운 무게감을 표현하는 추출법이 있다.

❶ 쓴맛을 낮추는 추출법

1차 추출에서 부족한 신맛을 최대한 살려내는 정교한 추출법을 알아야 하는데 확산에 의한 쓴맛을 감소시키는 테크닉과 오일 성분의 점성을 추출하여 마치 커피의 쓴맛을 코팅하듯이 봅아내는 추출법을 완성해야 이 쓴맛을 낮출 수 있다. 마치 초콜릿 같은 스파이시한(쏘는 듯한, 매운 듯한) 아로마와 초콜릿 같은 정향, 민트향, 후추향, 서양 삼나무향 같은 향과 입안에 붙게 만드는 점성이 마치 쓰지만 쓰지 않은 듯한 묵직한 무게감으로 오랫동안 남는 긴 여운을 느낄 수 있게 하는 추출법이다.

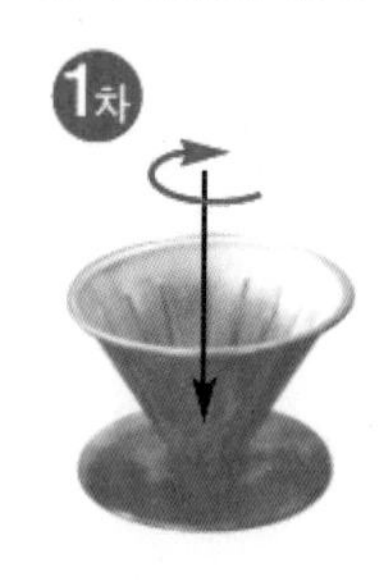

1차 추출에서 최대한 초콜릿 같은 신맛을 표현한다. 단 숙성 정도에 따라 물을 적절하게 안배하여 주입해야 과도해지지 않는 최대한의 '집중 여과력'을 표현할 수 있고, 2차 추출에서 쓴맛이 낮춰지며 단맛이 상승해지면서 점성을 느끼는 오일리한 촉감이 입안에 풍부하게 표현될 수 있도록 만드는 방법이다.

❷ 쓴맛을 부드럽게 표현하는 추출법

쓴맛을 부드럽게 표현하려면 1차 추출에서 얼마나 정교하게 물줄기를 조율하느냐에 달려 있다. 이 방법은 물줄기뿐만 아니라 분쇄 입자의 굵기 또한 같은 역할을 한다.

입자가 너무 굵은 상태에서 가는 물줄기로 부드럽게 세정을 하면 쓴맛은 부드러워지나 깊이 있는 향미(flavor)가 없어서 매력이 없다.

입자가 너무 굵은 상태에서 너무 굵은 물줄기로 거칠게 세정을 하면 쓴맛은 거칠어지며 깊이 있는 향미(flavor)가 없어서 매력이 없다.

입자를 중간 굵기 상태에서 가는 물줄기로 확산과 세정을 병행하여 추출한다면 부드러우면서 깊이 있는 강볶음 특유의 중후함과 긴 여운을 즐길 수 있다. 하지만 한 가지 아쉬운 점은 촉감의 점성이 결여되어 있어서 오일리하거나 크리미하지는 않다는 점이다.

14

잘못된 추출의 예

A. 입자가 너무 가는 경우 : 과다 추출

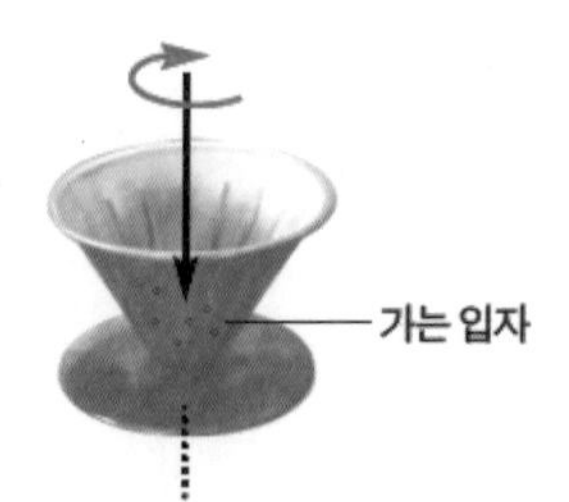

B. 입자가 너무 굵은 경우 : 과소 추출

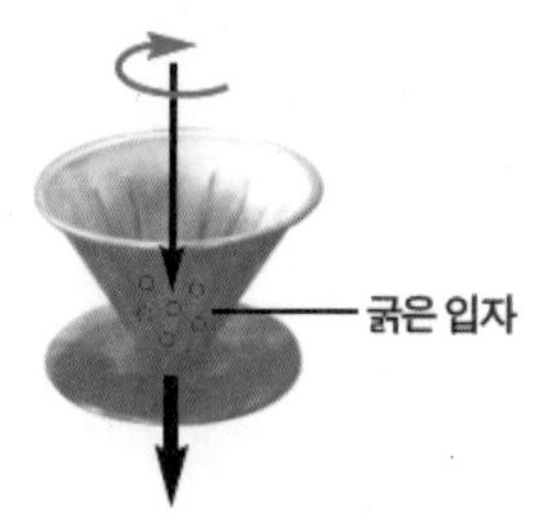

C. 주입 물줄기가 너무 굵은 경우와 상하 추출인 경우 : 교반 작용

or

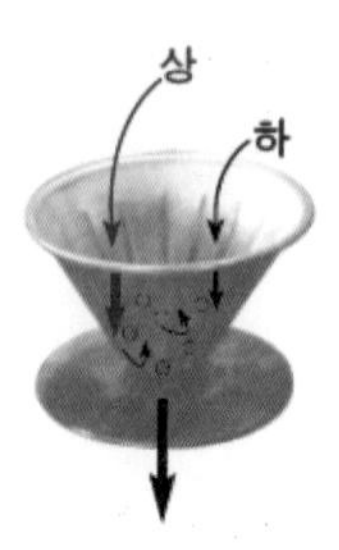

D. 드립퍼 주변에 물이 주입된 경우 : 수로 현상

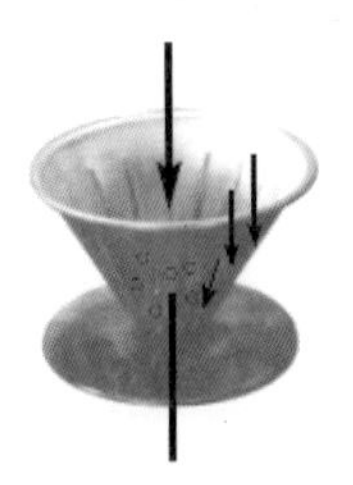

E. 커피액만 뽑고 물을 타는 경우 : 추출할 의미가 없다

이런 경우는 생두의 품질 상태, 로스팅 실력, 추출 실력을 감추기 위한 경우이거나 손님이 커피맛을 몰라서 아주 연하게 달라고 할 경우이다.

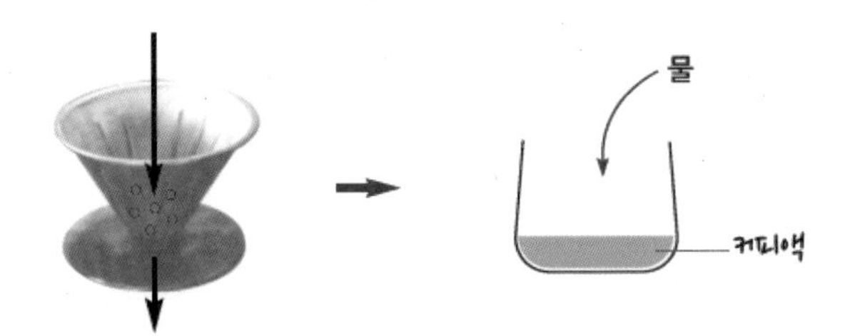

가장 중요한 추출은 좋은 품질의 생두를 훌륭한 로스팅 기술과 추출기술로, 추출된 커피액에 물을 섞지(희석) 않고 커피의 농도를 볶음도에 따라 (부드럽게, 진하게) 조율하여 손님에게 추출해주는 것이다.

그것이 바로 대한민국의 올바른 커피문화인 것이다.

Coffee Time!

우리나라 커피숍, 카페들이
지금까지 오랫동안 존속하지 못했던 이유?

우리나라 커피숍, 카페들이 지금까지 오랫동안 존속하지 못했던 이유는 가장 기본이라는 '커피'를 중요시 여기지 않았기 때문이다.
즉, 커피를 파는 것이 아니라 자리를 팔았고 오랫동안 방치하고 산화되어서 쓴맛이 증가된 커피를 물로 희석하여 계속 리필해주었던 것이다. 손님들은 커피를 마시면 기분이 좋아지는 것이 아니라 오히려 그 쓴물이 불편하여 설탕과 크림을 넣어 마시다가 설탕과 크림이 없는 연한 블랙 커피를 마시려니 매력은 없고, 그 틈을 헤이즐넛이 파고들었던 것이다.
헤이즐넛(오래된 커피에 향만 입힌 커피), 그 커피도 한때 유행했다가 식상해졌고 이젠 제대로된 원두커피를 표현하는 시대가 왔다. 지금이 가장 중요한 시기이다.

"소비자는 커피맛을 모르는 것이 아니다.
단지 **커피맛을 구별되게 만들어주지 못했을 뿐**이다!!"

커피의 기호는 연하게(희석하고), 진하게 마시는 것이 아니라 어떤 커피를 어떻게(약, 중, 강) 볶았는지에 따라 달라지는 커피의 맛과 향을 약볶음은 부드럽게, 중볶음은 중간 정도, 강볶음은 진하게 물에 희석하지 않고 마시는 것이 바로 기호인 것이다.

Guatemala Geisha

2
PART

핸드 드립의 기구별 특징

01

맛과 향 구분법

커피의 맛과 향을 구분하는 방법은 커핑cupping, 드리핑dripping, 에스프레소espresso를 통해 구분하는 것인데 드리핑으로 평가하는 이 방법은 20여 년 동안 필자가 연구해온 맛과 향의 결과물이다.

이 드리핑은 생두green beans의 품질평가, 로스팅의 균일성, 추출brewing의 세분화를 터득하는 방법이다.

참고로 커핑은 품질평가를 목적으로 하는 것이고 드리핑이나 에스프레소는 품질평가가 끝난 로스팅 최고의 포인트best point를 찾아 추출하는 표현이다. 다시말해 2차 크랙이 시작되면 커핑으로 평가하기가 어렵다는 말이다. 로스터가 추구하는 커피의 세계가 모두 약볶음이라면 커핑으로 품질평가 및 로스팅 추출 평가를 할 수 있으나 2차에서 오일이 나오는 시점까지 커피를 볶고자 한다면 커핑으로는 평가하기 어렵고 드리핑이나 에스프레소로 평가해야 한다. 이유는 쓴맛bitter이 표현되는 시점은 커핑의 의미가 없기 때문이다.

뜸

1차

2차

3차

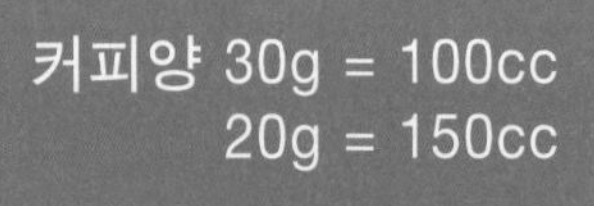

4차

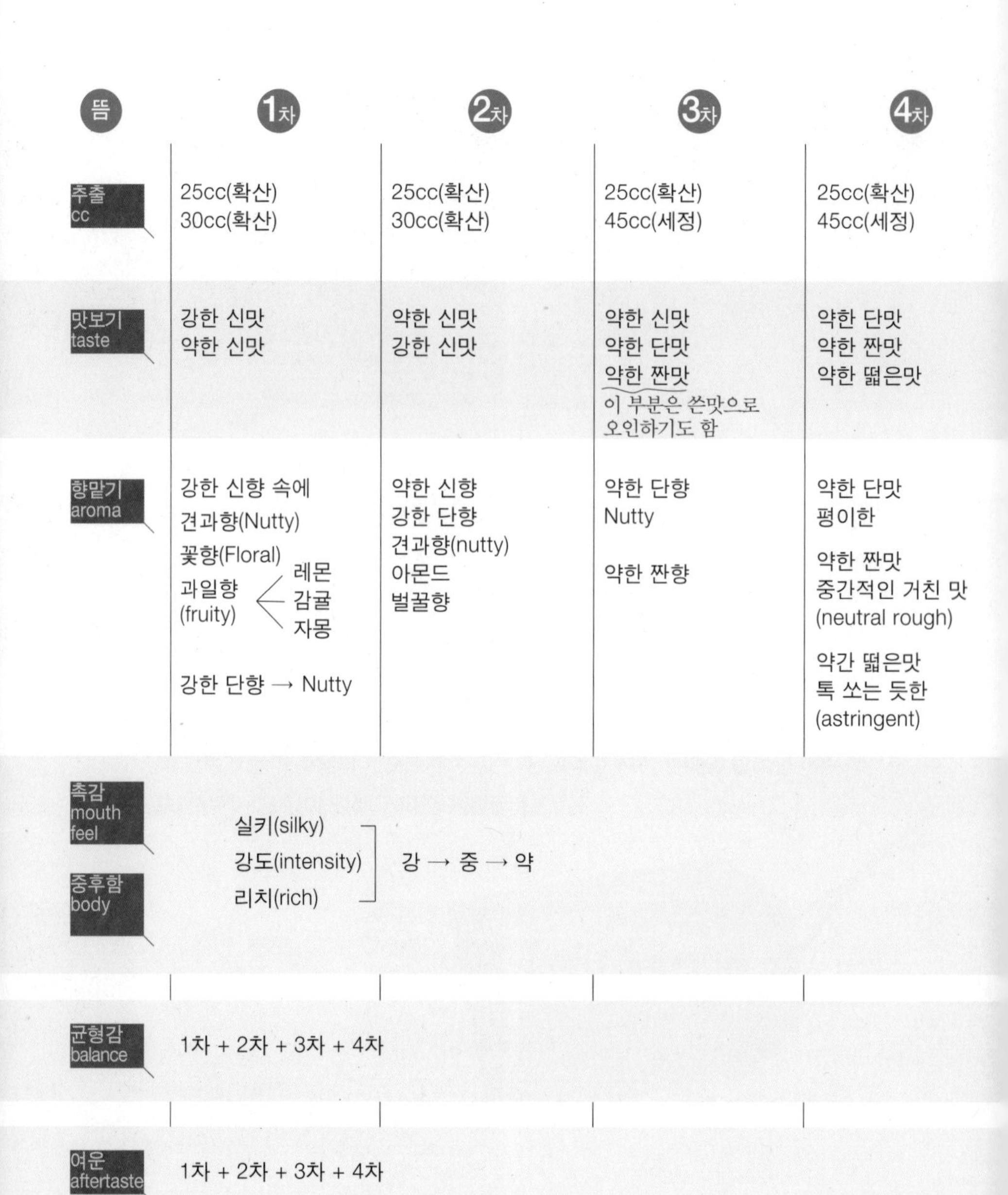

뜸	1차	2차	3차	4차
추출 cc	25cc(확산) 30cc(확산)	25cc(확산) 30cc(확산)	25cc(확산) 45cc(세정)	25cc(확산) 45cc(세정)
맛보기 taste	강한 신맛 약한 신맛	약한 신맛 강한 신맛	약한 신맛 약한 단맛 약한 짠맛 이 부분은 쓴맛으로 오인하기도 함	약한 단맛 약한 짠맛 약한 떫은맛
향맡기 aroma	강한 신향 속에 견과향(Nutty) 꽃향(Floral) 과일향 (fruity) ＜ 레몬 / 감귤 / 자몽 강한 단향 → Nutty	약한 신향 강한 단향 견과향(nutty) 아몬드 벌꿀향	약한 단향 Nutty 약한 짠향	약한 단맛 평이한 약한 짠맛 중간적인 거친 맛 (neutral rough) 약간 떫은맛 톡 쏘는 듯한 (astringent)
촉감 mouth feel 중후함 body	실키(silky) 강도(intensity) 리치(rich)] 강 → 중 → 약			
균형감 balance	1차 + 2차 + 3차 + 4차			
여운 aftertaste	1차 + 2차 + 3차 + 4차			

평가 각 추출 부분 보완점, 생두평가(품질), 로스팅 상태 체크

1차 맛보기
2차 맛보기
3차 맛보기
4차 맛보기

1+2차 맛보기

1,2차+3차 맛보기

1,2,3차+4차 맛보기

01

기구별 특징과 추출 방법

모든 핸드드립 추출은 기구적인 특징이 서로 다르다 해도 물을 주는 주입 방식(한 번에 계속 멈추지 않고 주입하면 여과력이 부족하여 핸드드립의 의미가 없다)은 입자와 입자의 여과력을 활용하는 방식이다.

A. 멜리타(melita) : 침지식 방법

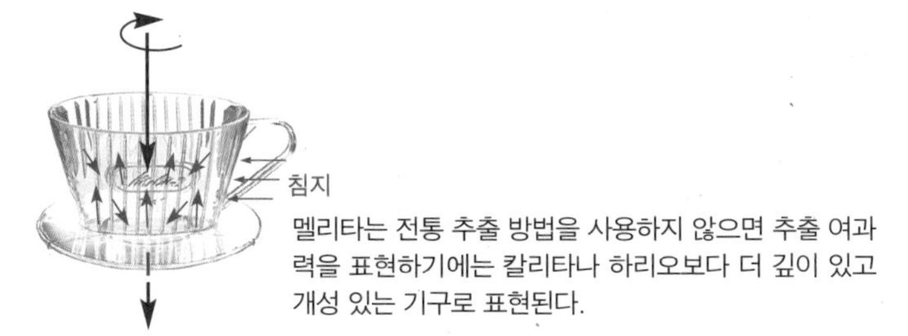

멜리타는 전통 추출 방법을 사용하지 않으면 추출 여과력을 표현하기에는 칼리타나 하리오보다 더 깊이 있고 개성 있는 기구로 표현된다.

특징 멜리타 기구의 전통 추출 방법은 한 번에 물을 부어서 추출하는 방식이다. 이 방법은 교반 작용과 추출 여과력이 떨어져서 개성이 없는 방식이다. 그러나 멜리타 기구로 추출 여과력을 높이기 위해 중앙분리 추출법을 이용하면 훨씬 농후하고 개성있는 커피를 표현할 수 있다.

뜸 방식 약볶음, 중볶음 커피를 나선형으로 조금씩 물을 주입하거나 강하게 볶은 커피를 분사식(점식)으로 뜸을 주어 안정적인 뜸의 중점을 맞춘다.

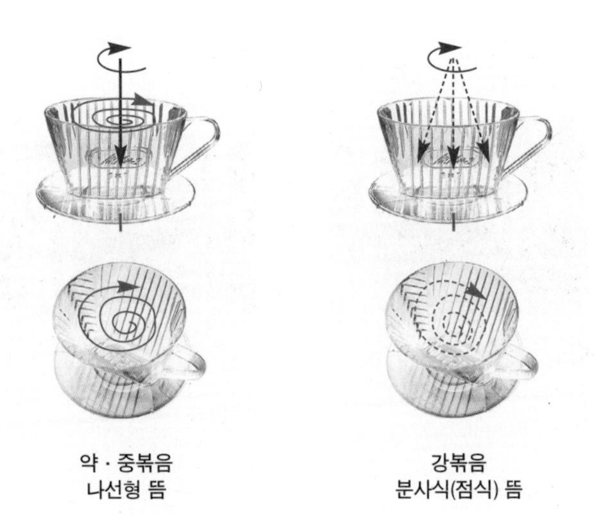

약 · 중볶음
나선형 뜸

강볶음
분사식(점식) 뜸

추출 방식 나선형 추출법, 중분법, 점식(분사식) 추출법이 있는데 주의할 점은 멜리타는 기구적 특징으로 물과 접촉하는 시간이 길기 때문에(침지식) 잡미가 발생될 수 있으므로 추출 방식과 볶음도에 따라 입자 조절과 물줄기 굵기의 조절이 필요하며, 과다 추출이 되지 않도록 주의해야 커피의 깊이 있는 여운이 깔끔하게 표현될 수 있다.

❶ 나선형 추출법 : 부드러운 커피를 추출하기 위한 추출 방식이다.

❷ 중분법(중앙분리 추출법) : 부드러우며 정교한 개성 있는 커피를 추출하기 위한 추출 방식이다.

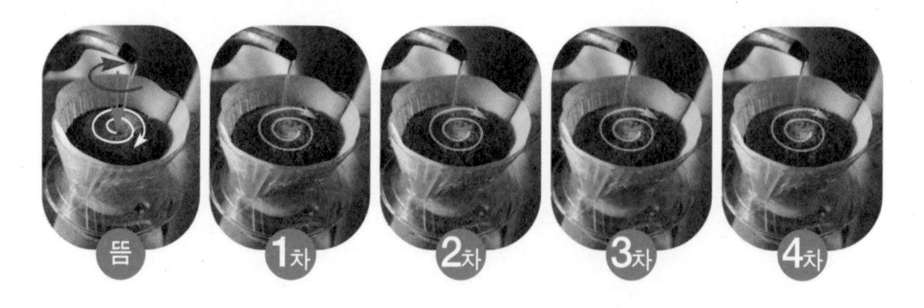

❸ 점식(분사식) 추출법 : 칼리타와 하리오보다 개성 있는 추출 방식이다. 주의할 점은 물줄기 조절과 입자를 조절하여 과다 추출이 되지 않도록 한다.

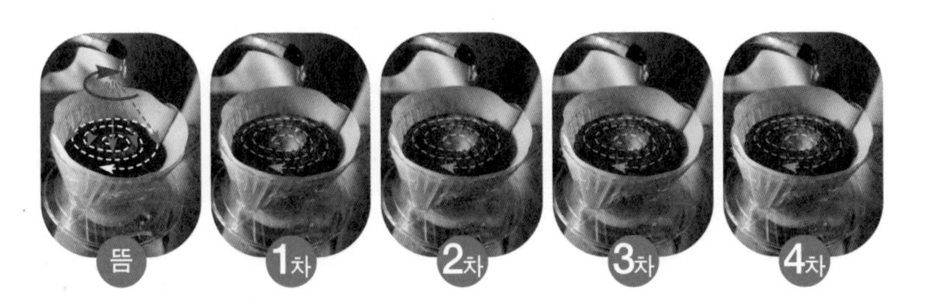

B. 칼리타(kalita) : 반침지식 방법

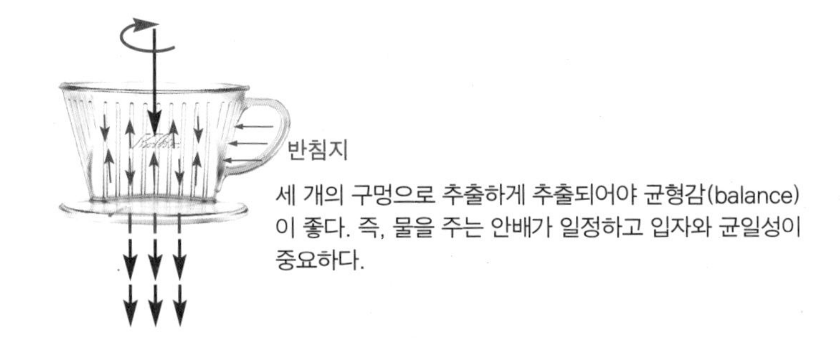

특징 반침지식 기구이므로 물을 주입할 때 커피 입자에 물의 접촉이 투과식보다 오래 걸리므로 커피의 잡미가 추출될 상황이 높다. 커피 입자와 물의 주입량, 물줄기의 굵기를 고려해 추출 시간 안배가 필요하며, 추출할 때 상하로 추출하면 교반 작용에 의해 잡미(텁텁한 맛, 떫은맛, 쓴맛, 아린 맛)가 발생하므로 주의해야 한다.

뜸 방식 나선형으로 물을 주입하며 약볶음, 중볶음 커피를 추출하는 데 유리하지만 강볶음 커피는 물과 커피의 접촉이 많아 단맛의 표현이 어렵고 오히려 쓴맛이 증가하여 추출하기 쉽지 않다.

균일하게 세 구멍으로 나와야 한다.

추출 방식 칼리타 추출 방식은 일반적인 나선형 추출 방식을 많이 사용하는데 안에서 밖으로, 다시 밖에서 안으로 추출하는 방식이 기본 칼리타 추출 방식이다. 이유는 구멍이 세 개이므로 가운데와 양쪽이 모두 균일하게 추출할 수 있도록 하기 위함이다. 단점은 물의 주입량이 많아 추출 여과력이 떨어져서 부드러운 커피를 추출할 때 유리하나 조금 농후하게 추출하면 물과 커피의 접촉이 많아 당성분 추출보다 짠맛이 증가하여 잡미가 나오기 쉽다.

❶ 나선형 추출법 : 부드러운 커피를 추출하기 위한 방식이다.

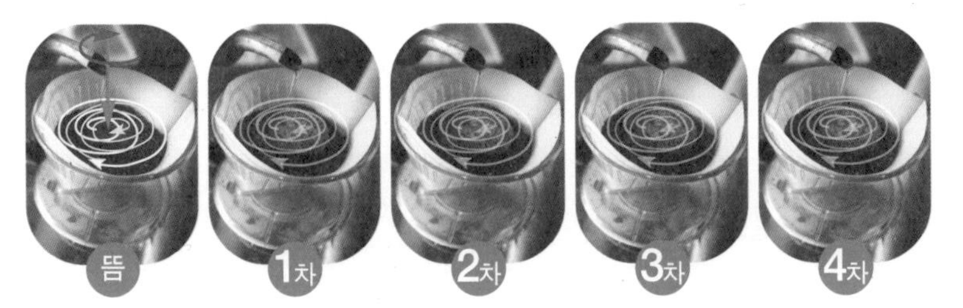

안에서 밖으로, 밖에서 안으로

❷ 안에서 밖으로(밖에서 안으로) 나선형 추출법 : 조금 농후하게 추출하기 위한 방식(같은 방식)이다.

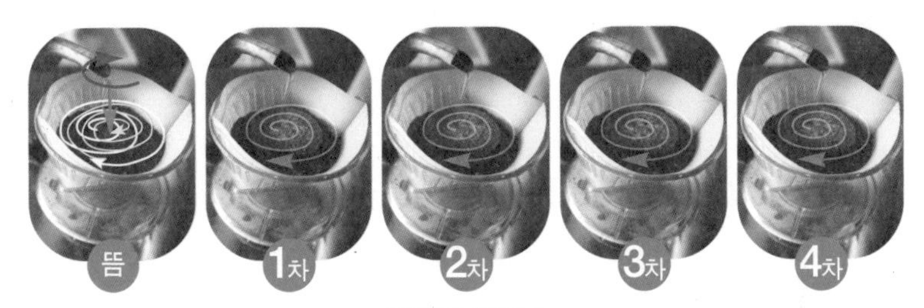

안에서 밖으로

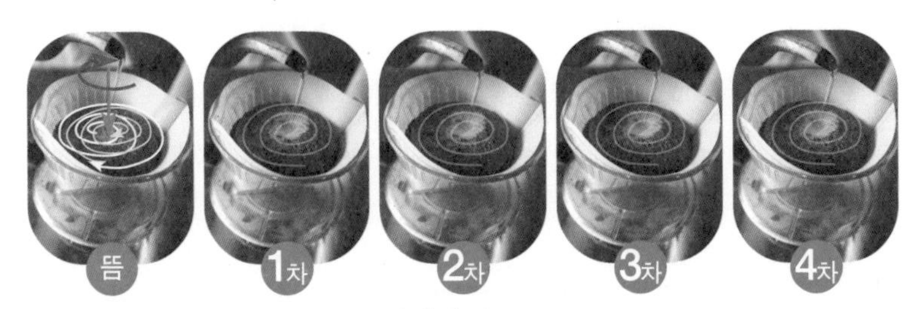

밖에서 안으로

C. 고노(kono) : 투과식 방법

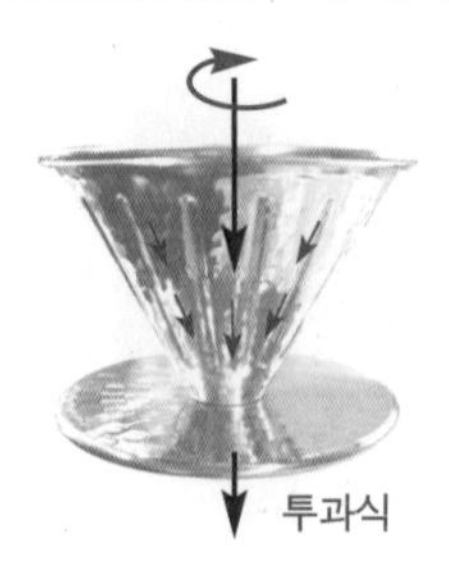

특징 추출 속도가 멜리타나 칼리타에 비해 유속이 빠르기 때문에 물을 주입하는 속도에 주의해야 하며, 너무 굵지 않게 분쇄해야 한다. 추출 여과력을 증대시키기 위해서는 뜸과 추출 시스템을 확립해야 한다.

뜸 방식 일반적인 나선형 뜸과 점식(분사식) 뜸을 병행하지만 약볶음일 경우 나선형 뜸과 숙성 정도가 안정화된 볶음도(약, 중, 강)는 분사식 뜸으로 뜸의 중점을 너무 높지 않게 하는 것이 중요하다. 볶음도와 숙성 정도에 따라 물을 주입하는 주입법을 조율해야 본추출 시 균일성을 유지할 수 있다.

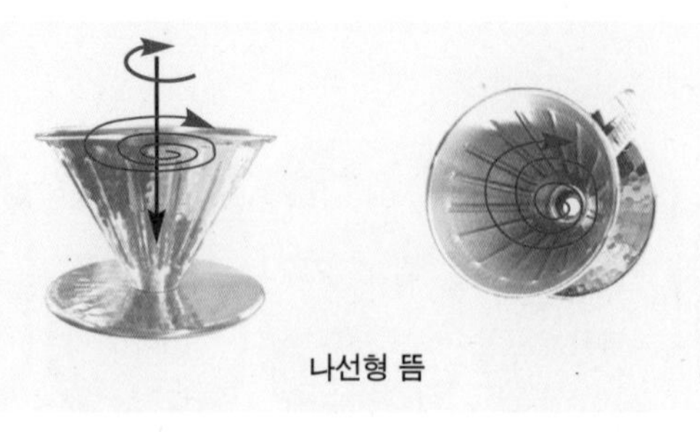

나선형 뜸

나선형 뜸은 부드러운 커피를 추출하기 위한 방식으로 커피의 입자와 입자 사이 간격을 조금 넓혀줌으로써 본추출 시 부드럽고 고소한 맛과 향을 표현할 수 있다.

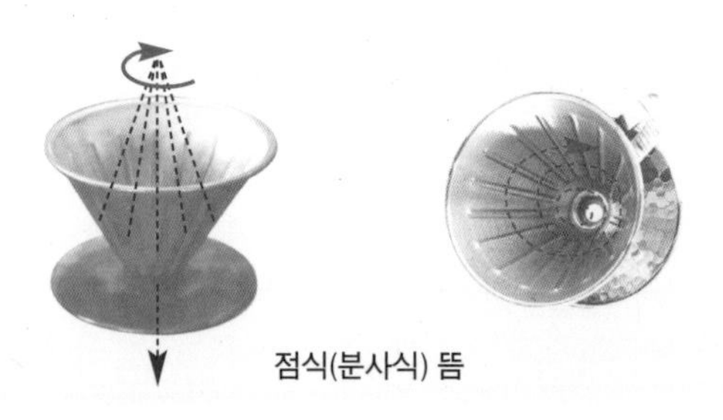
점식(분사식) 뜸

점식(분사식) 뜸은 좀 더 농후한, 중후한 커피를 표현하기 위한 사전 작업으로 약볶음에서는 향의 다양성, 중볶음에서는 향과 맛의 균형감, 강볶음에서는 맛과 깊이 있는 긴 여운을 표현하는 준비 작업이다.

주의할 점은 분사식 뜸은 중점의 높이가 너무 낮을 수 있기 때문에 완벽한 뜸을 만들기 위해서는 분사하는 물의 타이밍이 훨씬 빨라야 한다.

추출 방식 나선형 추출법, 중앙분리 추출법, 점식(분사식) 추출법 등 다양하게 추출할 수 있는데 이러한 추출법은 커피의 농도와 볶음도에 따른 특징을 다양하게 표현하기 위한 방법이다.

❶ 나선형 추출법 : 전체적으로 부드러운 여운과 균형감 있는 커피를 표현한다. 주의할 점은 물의 주입이 너무 많거나 유속이 빠르기 때문에 자칫 입자와 입자 사이의 확산이 부족해 추출 여과력이 떨어질 수 있어 너무 밋밋한 커피가 표현될 수 있다. 상대적으로 향도 감소할 수 있으므로 추출 시 물의 안배나 추출 타이밍을 연마해야 한다.

❷ 중분법(중앙분리 추출법) : 투과식 기구로 융드립의 맛이 나도록 연구한 추출법이다. 가는 물줄기로 커피의 입자와 입자 사이의 오일 성분을 추출해내어 촉감을 살리는 방법으로 추출 시 너무 가는 물줄기로 과다 추출이 되지 않도록 주의해야 하며, 1차와 2차 추출에서 신맛과 단맛의 성분을 조율하여 종자와 볶음도의 성분 추출 표현을 균형감 있게 표현해야 한다.

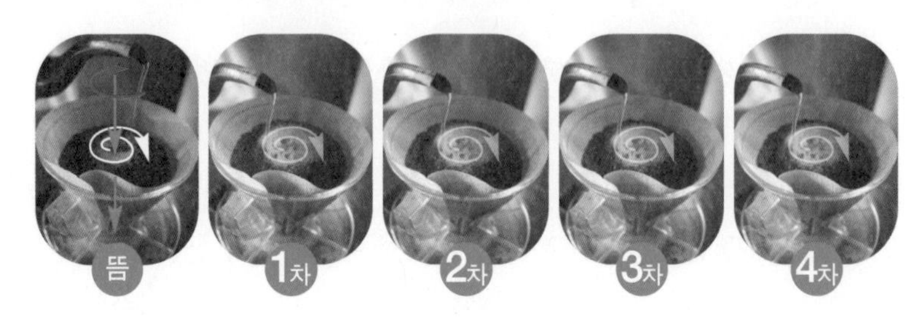

❸ 점식(분사식) 추출법 : 커피향의 다양성, 깊이 있는 맛, 실키(silky)한, 오일리(oily)한 촉감, 크리미(creamy)한 농도의 깊이, 중후함을 표현하는 집약적 추출법으로 추출 시 물줄기의 안배력과 성분추출의 극대화를 표현하기 위한 최고의 드립법이며, 강한(strong) 커피의 진수를 보여주는 추출법으로 약볶음, 중볶음, 강볶음의 향과 맛을 다양하게 표현할 수 있다.

D. 하리오(hario) : 투과식 방법

특징 고노 드리퍼나 융과 같은 투과식 추출 기구이며 부드럽게 표현하기에 좋다.

뜸방식 나선형으로 물을 주입하며 약볶음, 중볶음 커피에 많이 사용된다. 강볶음 커피는 쓴맛은 부드러워지나 깊이 있는 맛은 표현되지 않는 단점이 있다.

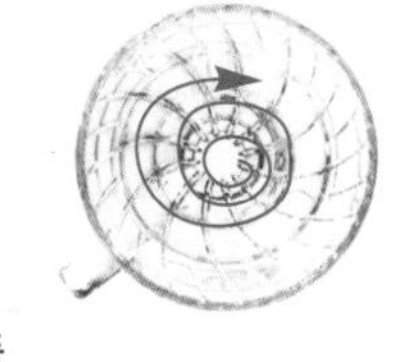

나선형 뜸

추출방식 전체적으로 부드럽게 추출하고자 하는 방식으로 나선형 추출법을 사용한다. 부드러운 커피를 표현하기 위해 물줄기의 굵기를 너무 굵지 않게 해야 한다. 너무 굵으면 여과력이 떨어져서 성분 추출이 약해진다.

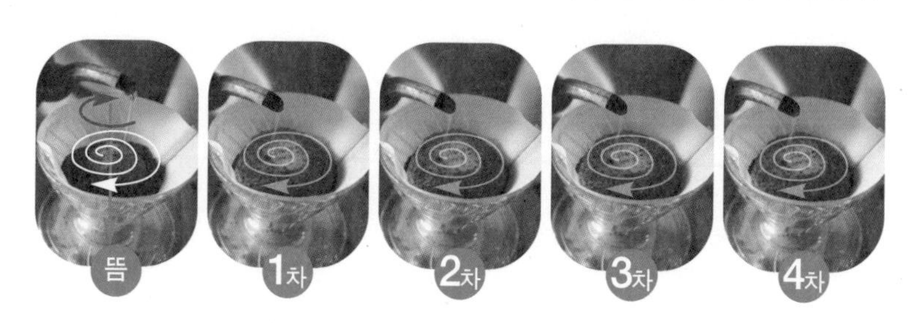

E. 융(frannel) : 투과식 방법

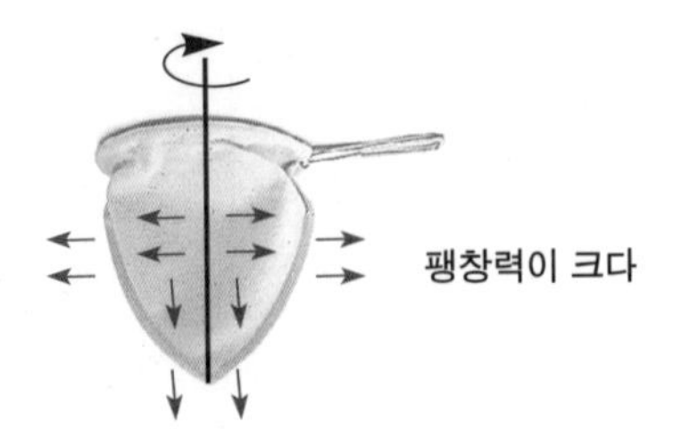

특징 융 추출의 가장 큰 특징은 바로 손맛이다. 드립을 할 때 드리퍼를 드는 것은 커피와 물의 접촉과 물의 양, 색을 관찰하기 위함이며 커피의 상태를 파악하여 추출 타이밍을 판단하는 방식으로 가장 탁월한 기구 중 하나이다. 저자는 원추형 동드리퍼로 이러한 방법을 이용하여 커피의 향과 색의 움직임을 파악하여 추출 타이밍을 조율한다.

뜸 방식 원추형 드리퍼와 같은 방식으로 뜸을 주며, 융은 농축된 실키하며 오일리한 커피를 추출하는 방식으로 널리 사용되고 있다. 따라서 뜸을 줄 때 굵은 물줄기보다 가는 물줄기나 분사식(점식) 물줄기로 뜸의 상태를 조율하여 정교하게 할수록 깊은 맛이 나올 수 있다.

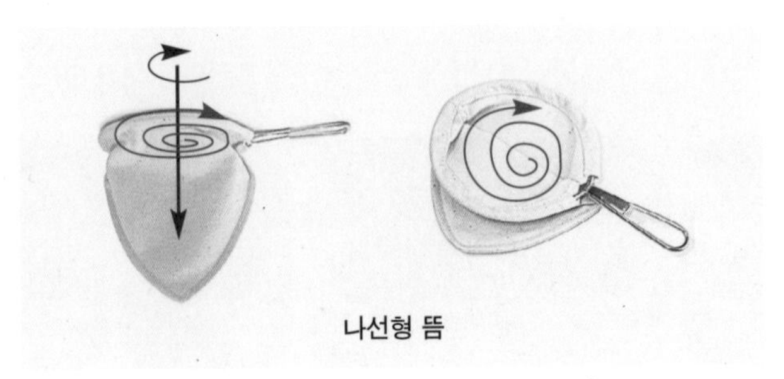

나선형 뜸

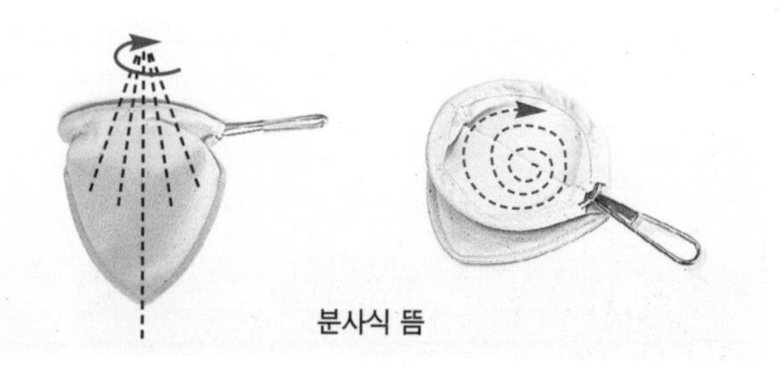
분사식 뜸

추출 방식 드립의 명인들은 추출 방식이 아주 정교하다. 다시 말하면 물줄기 자체가 가늘고 정교하단 얘기이다. 굵고 위아래로(상하) 추출하는 막드립이 아니라 아주 섬세하게 물을 주어 커피의 성분을 정교하게 에스프레소처럼 뽑아내서 아주 진한 커피의 에센스를 표현한다. 가장 섬세하면서 부드러운 여운을 만들어주는 데 탁월한 기능을 가지고 있는 이 기구는 가는 물줄기 또는 점식으로 커피의 오일 성분을 추출해내는 것이 융드립의 장점을 살리는 방법이다.

❶ 중앙분리 추출법(중분법) : 더욱더 강력한 팽창력, 표면장력, 추출장력으로 커피의 오일리한 성분 추출 및 혀를 코팅하는 점성과 촉감의 여운을 부드럽게 표현해주는 추출법이다.

❷ 점식(분사식) 추출법 : 추출의 꽃이 에스프레소라면 드립의 꽃은 융을 이용한 점식 추출법이다. 마치 가장 농후한 한 잔의 에스프레소를 마시는 듯한 커피 에센스를 즐길 수 있는 기구이며 독특하며 개성이 강한 추출법이다.

원추형 동드리퍼

페이퍼드립으로 융의 맛을
낼 수 있는 기구!

융의 맛은 촉감이다.

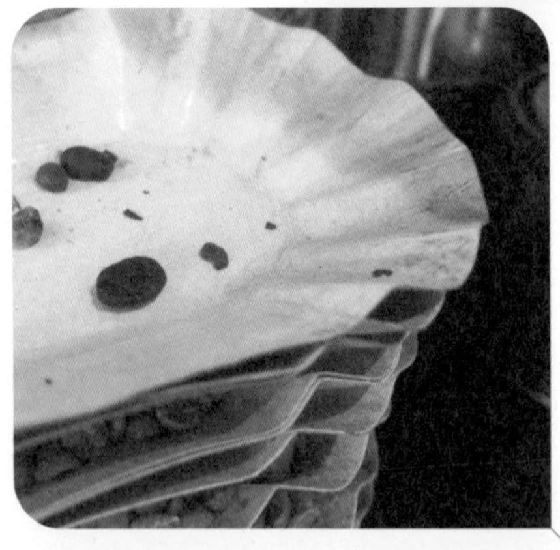

……

균형감의 결과다

입자&분쇄 추출의 핵심

3
PART

세계의 커피 원산지

AFRICA

예멘
Yemen

Yemen Ismaili 예멘 이스마일리

나라	Yemen
지역	Ismaili
가공처리	Natural
종자	Arabica origin

로스팅 포인트

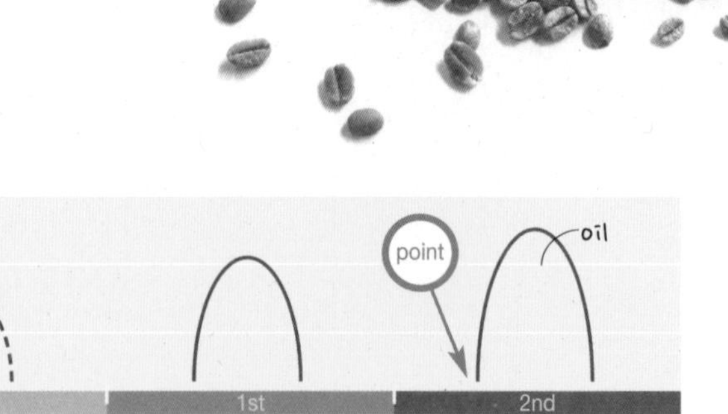

결과물 평가

aroma

초콜릿(chocolate), 바나나(banana), 생강 뿌리(gingerroot)
후추(pepper)

taste

신맛과 단맛의 와인맛(winey-tangy)

예멘 마타리

나라	Yemen
지역	Matari
가공처리	Natural
종자	Arabica origin

로스팅 포인트

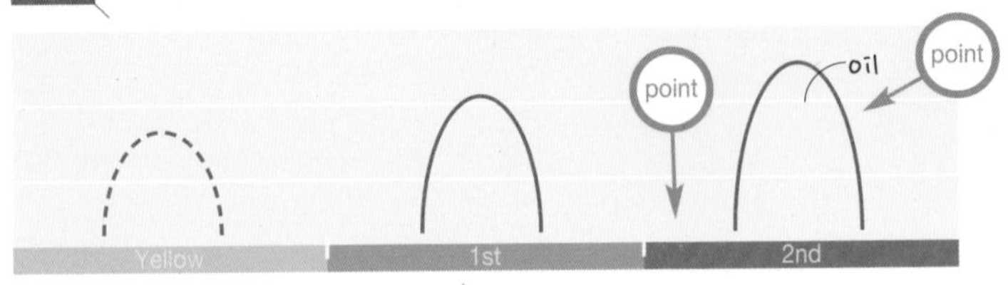

aroma

강한 단향(sweet aroma), 드라이한 살구향(dried apricot)
옥수수시럽(sorghum syrup)

taste

과일류의 와인맛(winey fruity)

aroma

다크초콜릿(dark chocolate),
약품향(medicinal),
스파이시 송진향(spicy resin), 연필향(cedar)
매운 후추향(pepper warming)

taste

거친 초콜릿맛(harsh chocolate)

AFRICA

에티오피아
Ethiopia

Ethiopia Harrar 에티오피아 하라

나라	Ethiopia
지역	Harrar
가공처리	Natural
종자	Arabica origin

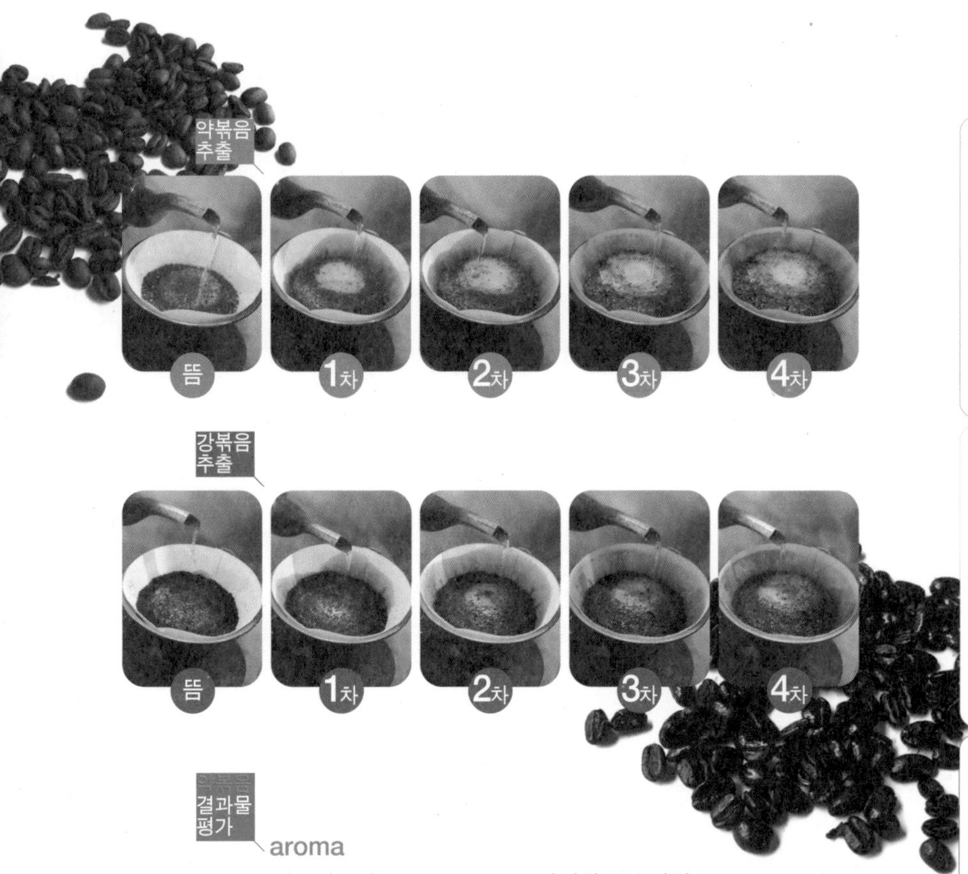

aroma

살구허브향(apricot tea), 드라이한 복숭아향(dried peach)
스파이시 시나몬(spicy cinamon), 초콜릿(chocolate)

taste

드라이한 와인맛(dry winey-tangy)

aroma

다크초콜릿(dark chocolate), 약품향(medicinal)
스파이시 송진향(spicy resin), 후추향(pepper), 정향(clove)

taste

거친 초콜릿맛(harsh chocolate)

Ethiopia Limu 에티오피아 리무

나라	Ethiopia
지역	Limu
가공처리	Natural
종자	Arabica origin

로스팅 포인트

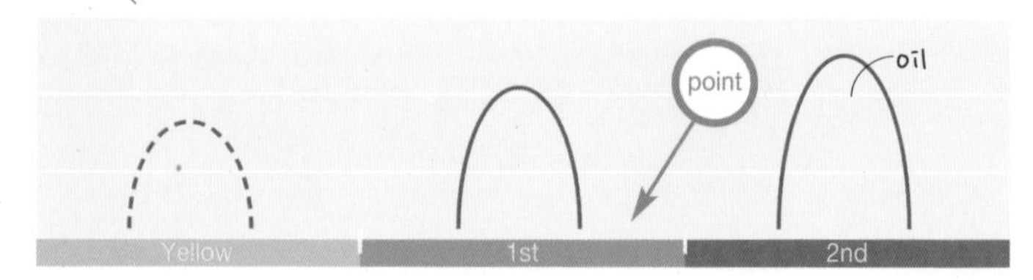

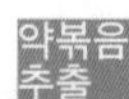

뜸

1차

2차

3차

4차

결과물 평가

aroma

파인애플향(pineapple), 복숭아향(peach), 망고(mongo)
바나나(banana), 드라이한 살구향(dried apricot)

taste

과일류의 와인맛(winey fruity)

Ethiopia Yirgacheffe Koke 에티오피아 이르가체페 코케

나라	Ethiopia
지역	Yirgacheffe Koke
가공처리	Washed
종자	Arabica origin

로스팅 포인트

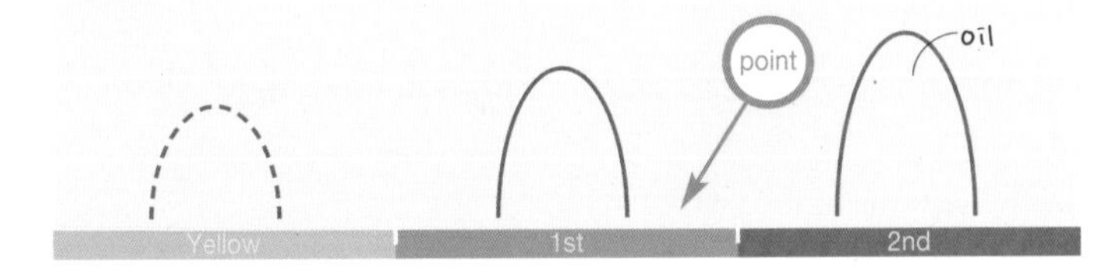

약볶음 추출

결과물 평가

aroma

스파이시 생강과 시나몬(spicy ginger and cinamon)
스윗한 허브와 딜향(sweet herb and dill)
홍차의 장미향(tea-rose)
자스민 꽃향(jasmine floral)

taste

상큼한 와인맛(bright winey)

Ethiopia Wollega Lekempti 에티오피아 월레가 레캠티

나라	Ethiopia
지역	Wollega Lekempti
가공처리	Washed
종자	Arabica origin

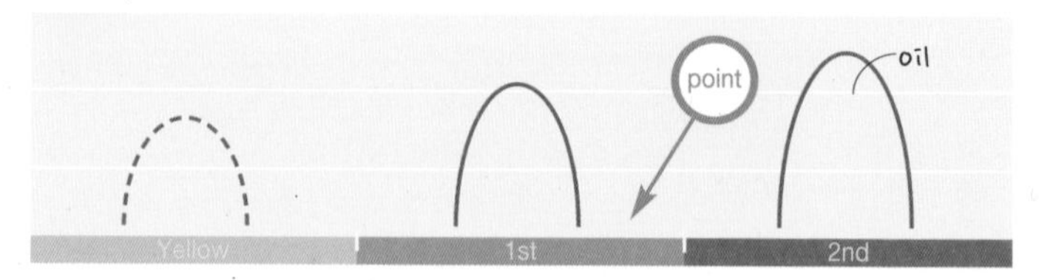

결과물
평가

aroma

스윗한 레몬(sweet lemon), 감귤계 오렌지(citrus orange)
달콤한 사탕과 꿀(sweet candy and honey)
홍차의 장미향(tea-rose)

taste

농익은 와인맛(ripe-winey)

Ethiopia Sidamo 에티오피아 시다모

나라	Ethiopia
지역	Sidamo
가공처리	Washed
종자	Arabica origin

로스팅 포인트

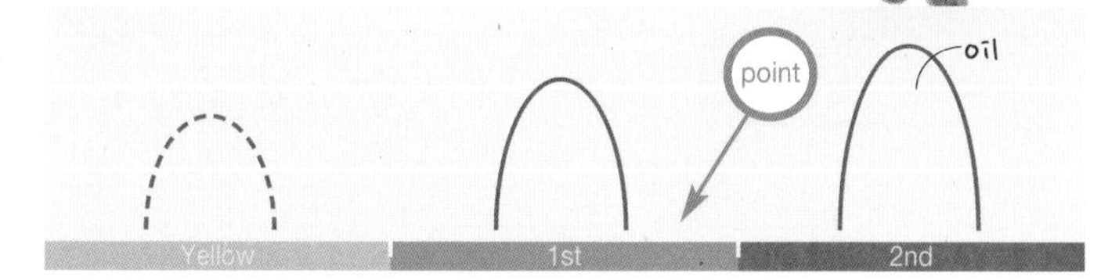

약볶음 추출

결과물 평가

aroma

감귤계 레몬(citrus-lemon-sweet)
박하향(bergamot), 홍차(black tea)

taste

깔끔한 단맛 속의 와인맛
(clear sweetness-winey)

Ethiopia Nekisse 에티오피아 네키세

나라	Ethiopia
지역	Nekisse
가공처리	Natural
종자	Arabica origin

로스팅 포인트

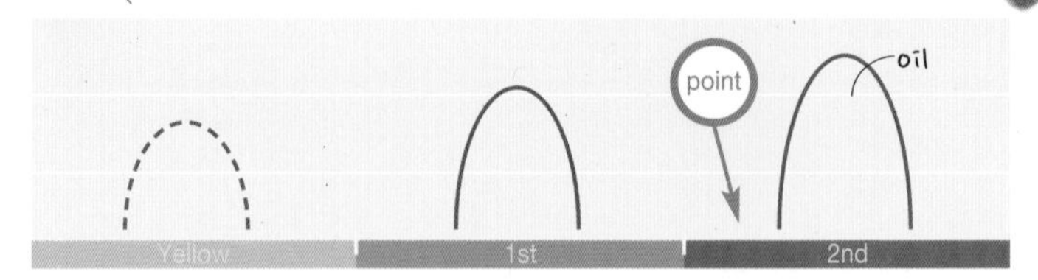

결과물 평가

aroma

딸기향(strawberry), 레몬(lemon), 딜(dill), 박하향(bergamot)
자몽(grapefruit), 홍차의 장미향(tea-rose)
스파이시 시나몬(spicy cinamon), 꿀풀과향(savory)

taste

프랑스 피노누아 포도품종 맛(winey)

AFRICA

케냐
Kenya

Mt Kenya Nyeri 케냐 니에리

나라	Kenya
지역	Nyeri
가공처리	Washed
종자	Ruiru11

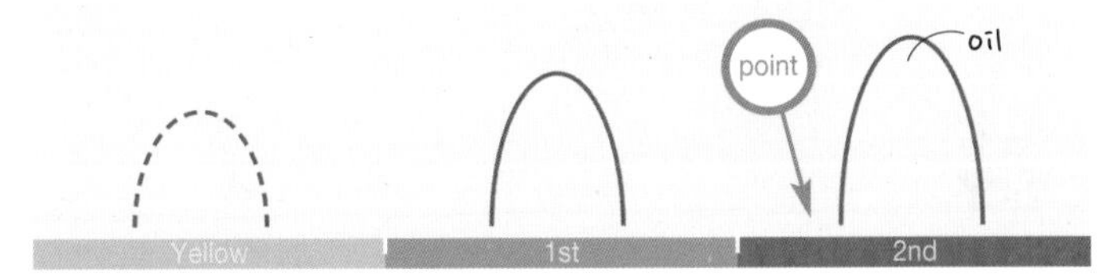

약볶음 추출

뜸

1차

2차

3차

4차

aroma

캐러멜과 레몬(caramel and lemon), 자몽(grapefruit)
맥주 꽃향(hop flowers), 감귤계 오렌지(citrus orange)
복잡한 단맛, 쓴맛, 단맛(complex sweet - bitter - sweet)

taste

상쾌한 맛 속의 신맛(piguant)

Mt Kenya Kirinyaga 케냐 키리냐가

나라	Kenya
지역	Kirinyaga
가공처리	Washed
종자	SL-34

로스팅 포인트

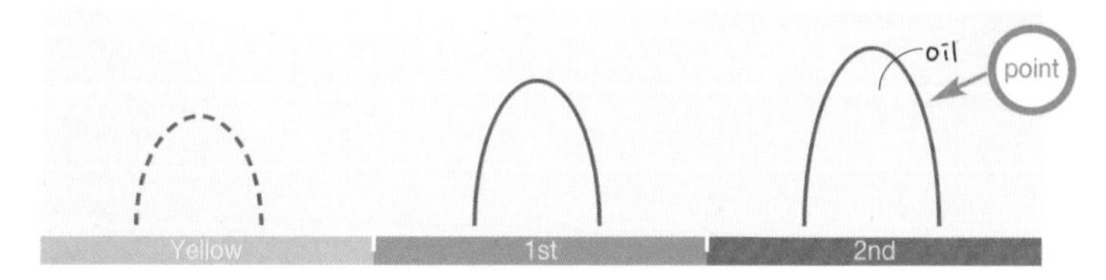

강볶음 추출

결과물 평가

aroma

블랙커런트(black current), 정향(clove), 민트향(mint)
다크베리류 초콜릿(dark berry chocolate)
송진향과 쏘는 향(resin and and pungent spicy)

taste

쏘는 듯한 초콜릿(pungent chocolate)
크리미한 점성(viscose creamy)

AFRICA

탄자니아
Tanzania

Tanzania 탄자니아

나라	Tanzania
지역	Arusha
가공처리	Washed
종자	Arusha, Bourbon

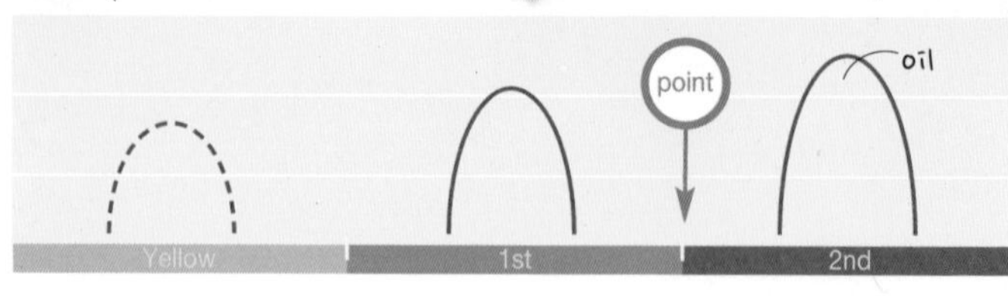

약볶음 추출

결과물 평가

aroma

레몬과 자몽(lemon and grapefruit)
감귤계 오렌지(citrus orange)
짙은 베리류(dark berry)

taste

새콤한 신맛(piguant-tart)

AFRICA

르완다
Rwanda

Rwanda 르완다

나라	Rwanda
지역	Musasa, Gakenke District North
가공처리	Washed
종자	Bourbon

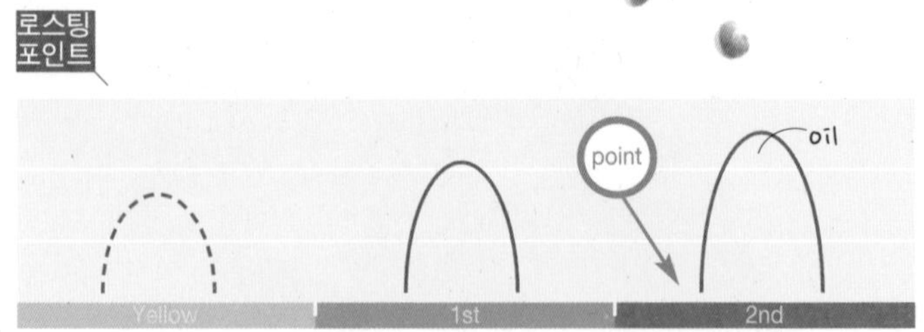

결과물
평가

aroma

스윗사탕(sweet candy)
사탕 속에 버터나 땅콩이 있는 향(tatty)
캐러멜(caramel), 바닐라(vanilla), 제비꽃향(violet floral)
귤과향(tangerine), 오렌지향(orange)

taste

실키한 촉감(silky monthfeel), 상쾌한 신맛(piguant)

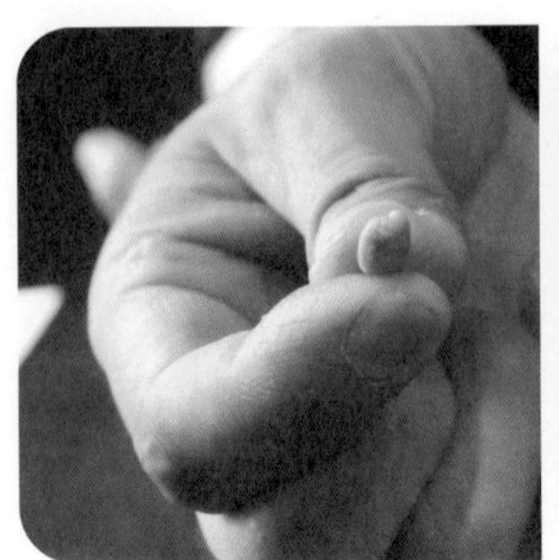

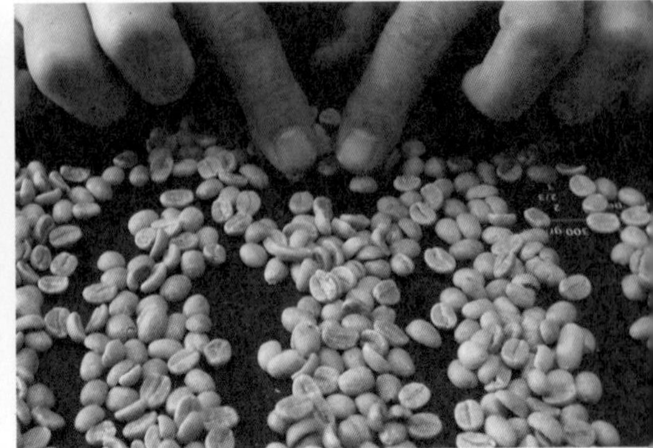

Geisha Green beans

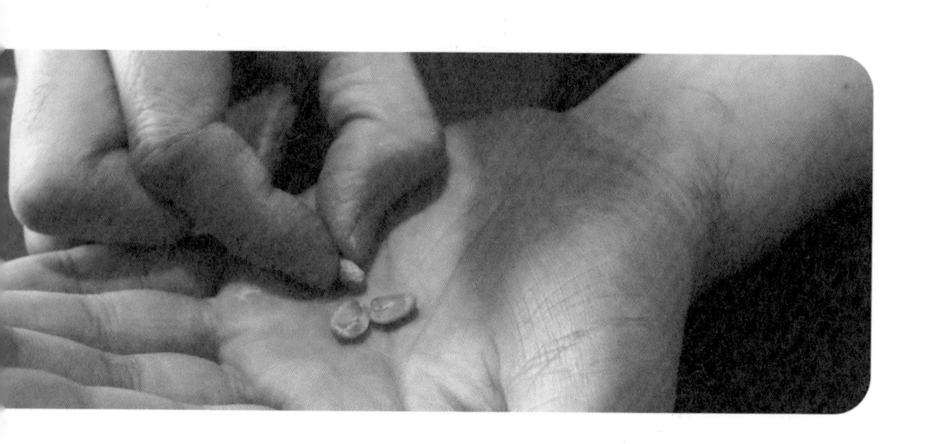

멕시코
M e x i c o

Mexico Chiapas 멕시코 치아파스

나라	Mexico
지역	Chiapas
가공처리	Washed
종자	Typica catura

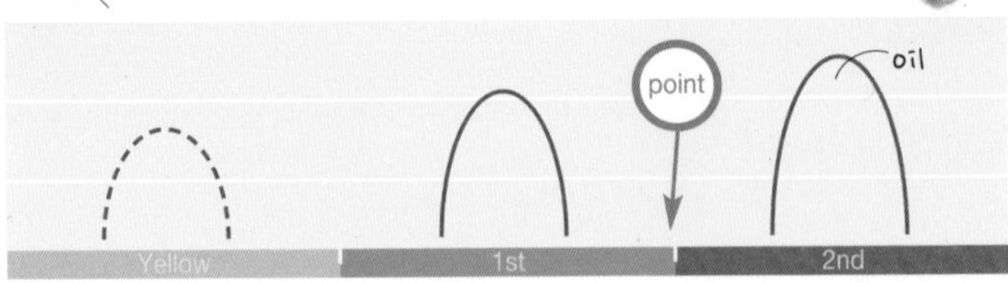

aroma

쏘는 콜라향(roasted cala brisk), 헤이즐넛(hazelmuts)
캐러멜(caramel), 사탕(candy sugar), 바닐라(vanilla)
복숭아, 살구향(peach-apricot), 후추(pepper)

taste

밋밋하면서 소프트한 맛(bland-soft)
쓴듯한 단맛(bitter-sweetness)

CENTRAL AMERICA

과테말라
Guatemala

Guatemala Huehuetenango 과테말라 우에우에테낭고

나라	Guatemala
지역	Huehuetenango
가공처리	Washed
종자	Catura

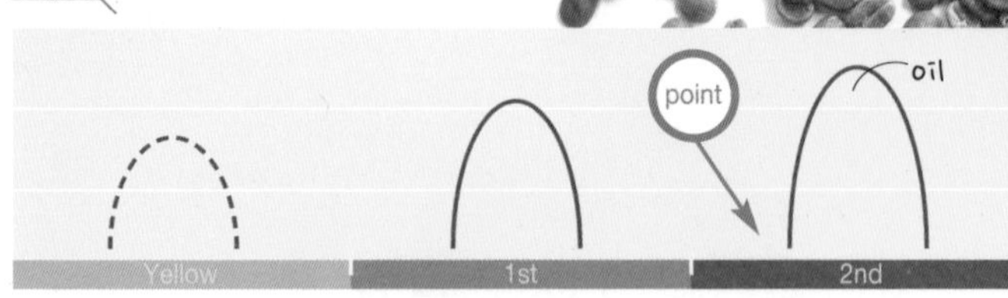

약볶음
추출

aroma

고소한(nutty), 과일류(fruity), 캐러멜(caramel),
달콤한 꿀(sweet honey)
헤이즐넛(hazelmuts), 자몽(grapefruit), 자두(plum)

taste

스윗하게 농익은 과일맛(mellow-mild)

Guatemala Antigua 과테말라 안티구아

나라	Guatemala
지역	Antigua
가공처리	Washed
종자	Catura

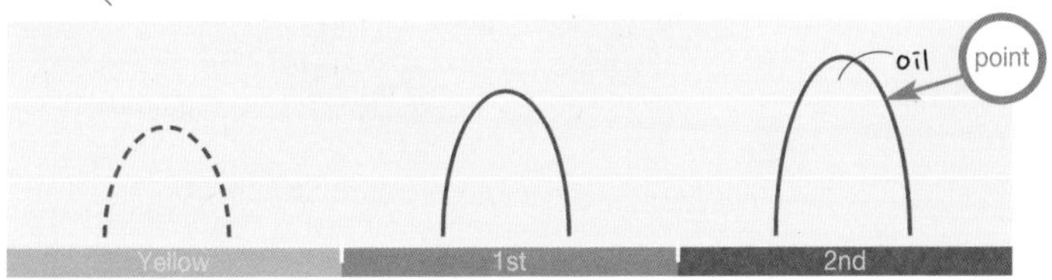

aroma

초콜릿 송진향(chocolate-resin), 스모키 향미(smoky flavor)
스파이시 쏘는 향(spicy pungent)
스파이시 민트향(spicy mint)
정향(clove), 블랙베리(black berry)

taste

점성의 크리미한 쏘는 맛(viscose-creamy-pungent)

CENTRAL AMERICA

코스타리카
Costa Rica

Costa Rica La Minita Tarrazu 코스타리카 라 미니타 따라주

나라	Costa Rica
지역	La Minita/Tarrazu
가공처리	Washed
종자	Catura, Typica Hibrdo, Yellow Catuai, Red Catuai

로스팅 포인트

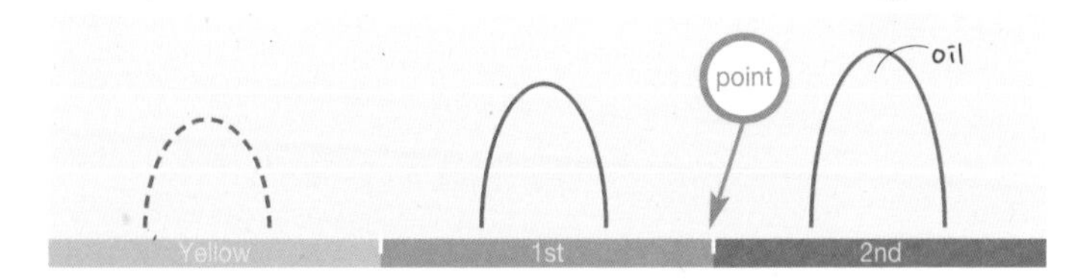

약볶음 추출

aroma

캐러멜(caramel), 사과(apple), 레몬(lemon), 자몽(grapefruit)
스퀴즈 레몬에이드(squeezed lemonade), 꿀(honey)
체리(cherry), 감귤계 오렌지 껍질(citrus orange peel)

taste

실키한 촉감(silky-mouthfeel), 상쾌한 단맛(acidity-nippy)

SOUTH AMERICA

콜롬비아
Colombia

Colombia Narino 콜롬비아 나리노

나라	Colombia
지역	Narino
가공처리	Washed
종자	Catura, Bourbon

로스팅 포인트

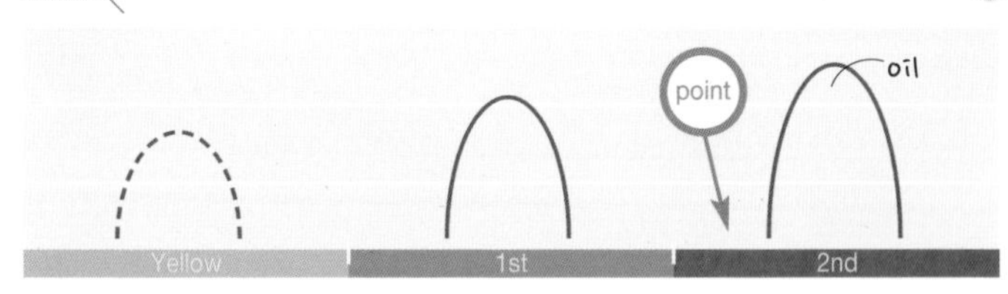

결과물 평가

aroma

고소한 살짝 구운 과자(nutty-wafers), 나무딸기(rasp berry) 자두(plum), 캐러멜(caramel), 포도(grape), 살구(apricot), 꿀(honey)

taste

상쾌한 단맛(acidity-nippy)

Colombia Huila 콜롬비아 후일라

나라	Colombia
지역	Huila
가공처리	Washed
종자	Catura

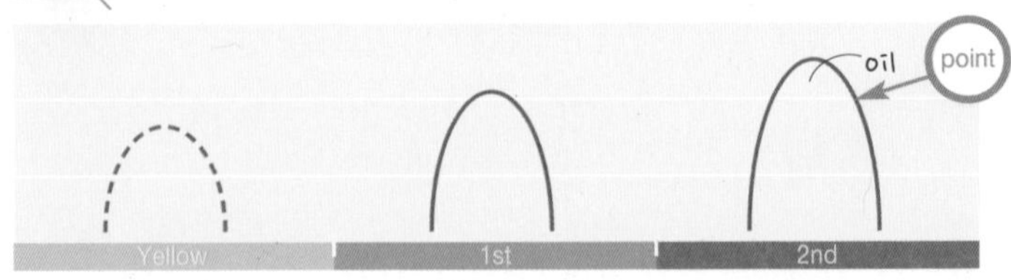

aroma

밀크초콜릿 송진향(milky chocolate-resin)
스파이시 쏘는 향(spicy pungent), 정향(clove)
민트향(mint), 블랙베리(black berry)

taste

크리미 초콜릿 쏘는 맛(creamy-chocolate-pungent)

SOUTH AMERICA

페루
Peru

Peru 페루

나라	Peru
지역	San Martin Nothwest
가공처리	Washed
종자	Typica

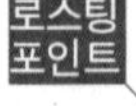

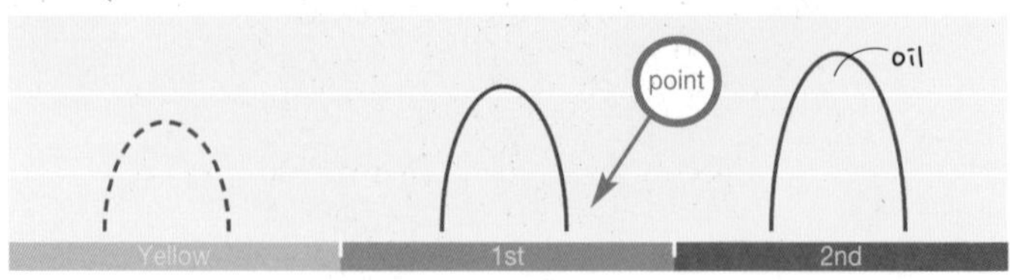

aroma

과일류 배향(pear fruif), 고소한향(nutty)

taste

밋밋하면서 스윗한 부드러운 맛(bland-soft)

SOUTH AMERICA

브라질
Brazil

Brazil Moziana 브라질 모지아나

나라	Brazil
지역	Moziana, North of the sao paul
가공처리	Natural
종자	Mundo Novo, Bourbon

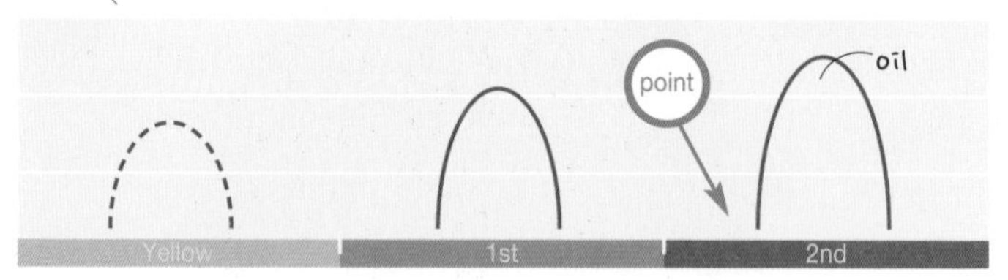

약볶음
추출

결과물 평가

aroma

고소한 향(nutty), 땅콩(peanuts), 캔디(condy)
바나나(banana), 참외(melon)

taste

낮은 산도의 스윗한 부드러운 맛(low acid-bland-soft)

Brazil Cerrado 브라질 케라도

나라	Brazil
지역	Cerrado Minas Gerais
가공처리	Natural
종자	Mundo Novo

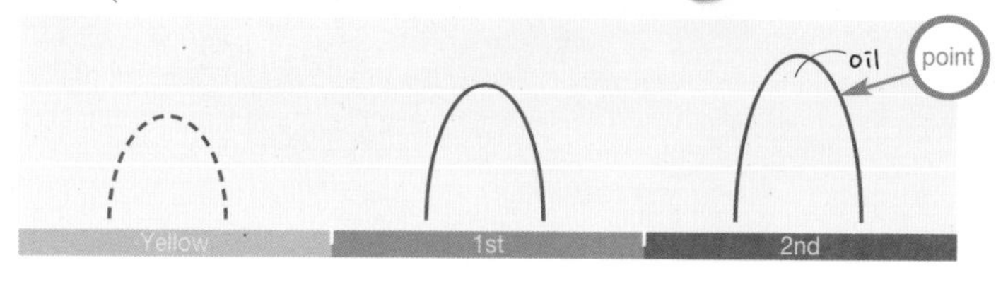

aroma

거친 초콜릿 송진향(harsh chocolate-resin)
매운 향(spicy-warming), 연필향(cedar), 후추향(pepper)
민트향(mint)

taste

촉감의 점성이 오일리한 쏘는 맛
(mouthfeel-viscose-oily-pungent)

ASIA

인도네시아
Indonesia

Indonesia Sumatura Mandheling 인도네시아 수마트라 만델링

나라	Indonesia
지역	Sumatura Medan
가공처리	Washed
종자	Catimor, Jember

로스팅 포인트

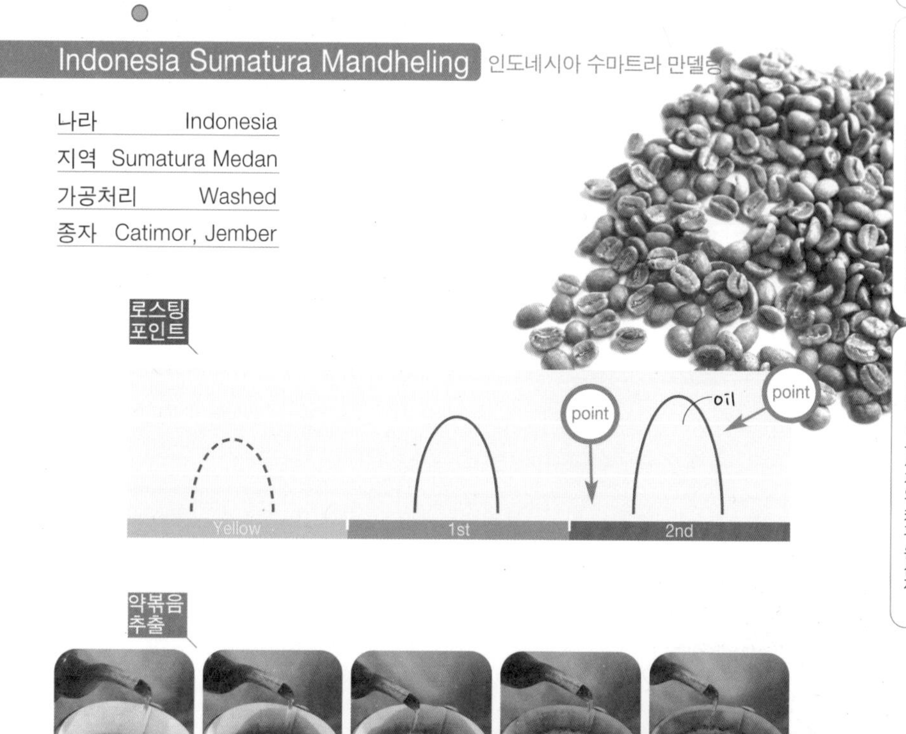

약볶음 추출

뜸 1차 2차 3차 4차

결과물
평가

aroma

흙냄새(earthy), 복숭아(peach), 망고(mango)

taste

스윗한 부드러운 맛과 두툼한 보디(mellow-mild-thick body)

aroma

매운 향(pepper warming), 후추(pepper), 삼나무(cedar)
다크초콜릿의 흙내음 속의 송진향
(dark chocolate-earthy-resin)

taste

크리미한 초콜릿 속의 쏘는 맛(creamy-chocolate-pungent)

Indonesia Sulawesi Toraja Kalosi 인도네시아 술라웨시 토라자 칼로시

나라	Indonesia
지역	Sulawesi
가공처리	Washed
종자	Typica, Jember

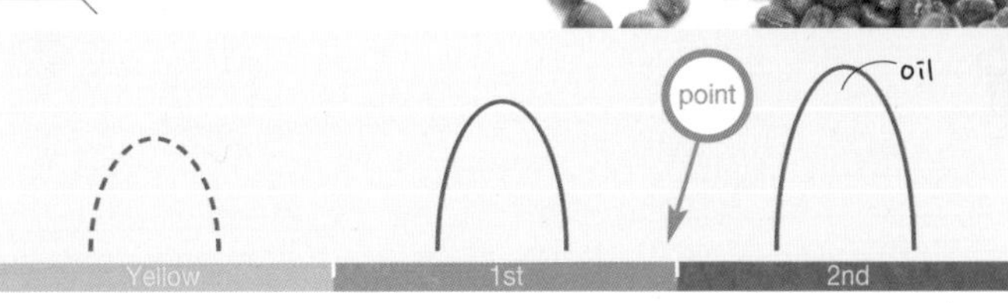

약볶음 추출

결과물 평가

aroma

허브 같은 꽃향(floral herb), 소나무향(piney)
송진향(resin), 맑은 아로마(bright aroma)

taste

부드러운 단맛(mellow-delicate)

Indonesia Java 인도네시아 자바

나라	Indonesia
지역	Java
가공처리	Washed
종자	Typica, Jember

로스팅 포인트

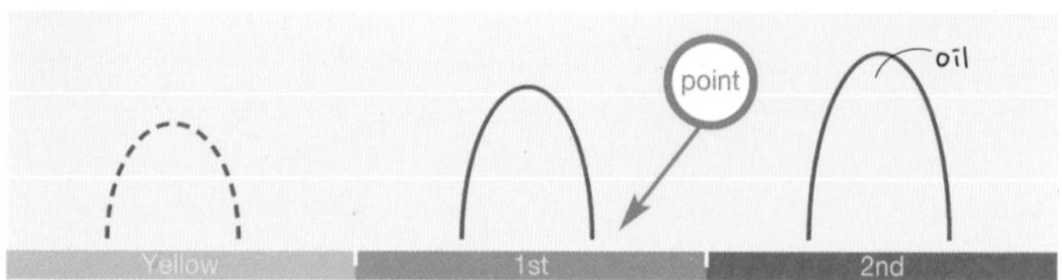

약볶음 추출

aroma

자두(plum), 건포도(raisin), 자몽(grapefruit)
초콜릿(chocolate)

taste

쓴듯 단 균형감과 부드러운 단맛
(bitter-sweet balance mellow)

ASIA

파푸아뉴기니
Papua Newguinea

Papua Newguinea Marawaka 파푸아뉴기니 마라와카

나라	Papua Newguinea
지역	Marawaka
가공처리	Washed
종자	Jamaica Blue MT

로스팅 포인트

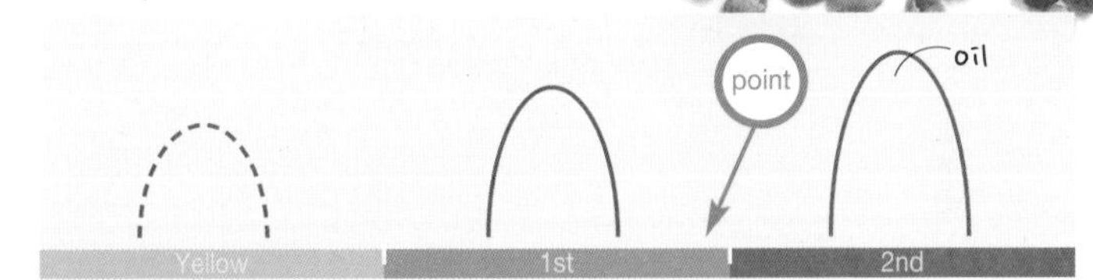

뜸

1차

2차

3차

4차

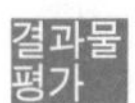

aroma

사과(apple), 살구(apricot), 자두(plum), 건포도(raisin)
생강(ginger), 시나몬(cinamon), 초콜릿(chocolate)
꿀(honey)

taste

깔끔한 단맛(clean-mellow-delicate)

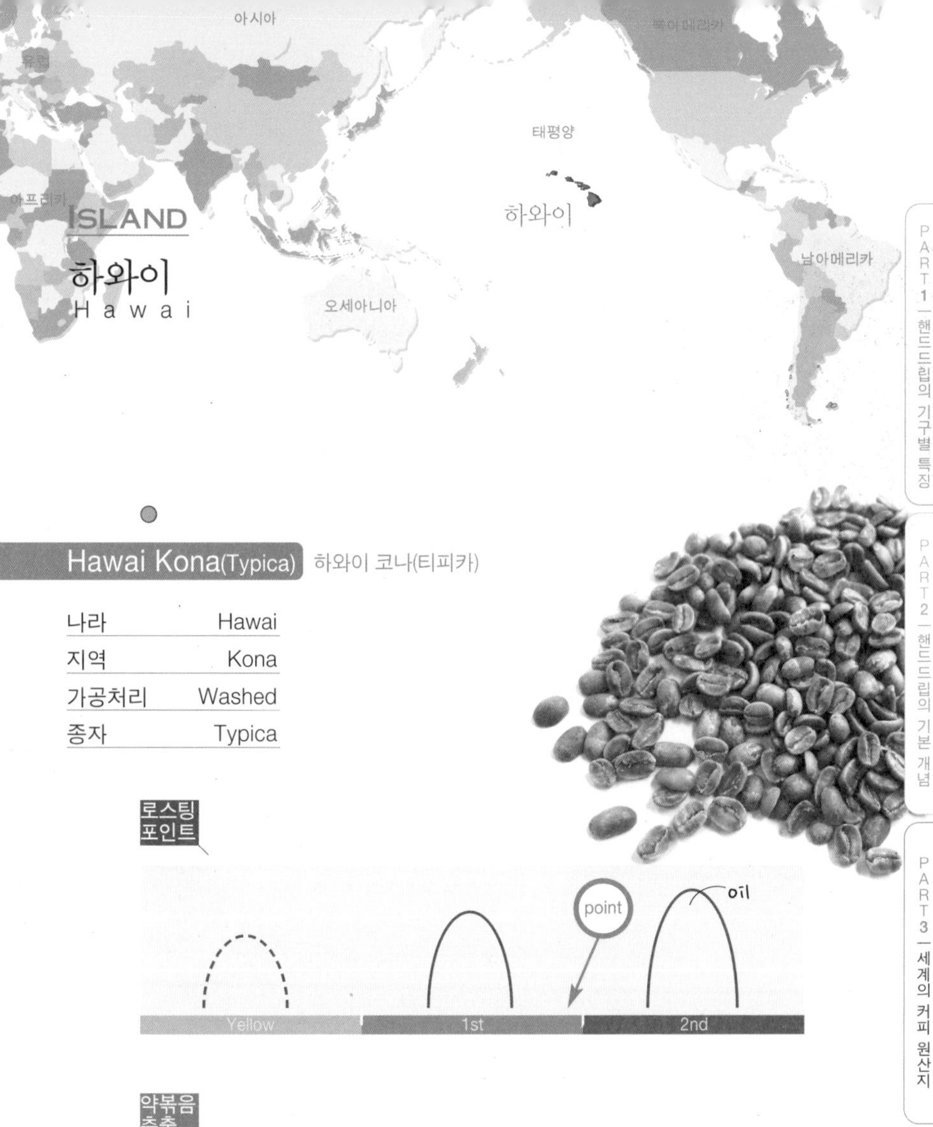

ISLAND

하와이
Hawai

Hawai Kona(Typica) 하와이 코나(티피카)

나라	Hawai
지역	Kona
가공처리	Washed
종자	Typica

로스팅 포인트

약볶음 추출

결과물 평가

aroma

캐러멜(caramel), 레몬의 상쾌한 차(lemon-brisk-tea)
꿀(honey), 밝은 향(brightness aroma), 엿기름(malt)
토스트(toasted), 꽃(floral)

taste

실크 같은 가벼운 보디감과 부드러운 단맛(silky light-mild)

Hawai Kona(Maragogype) 하와이 코나(마라고지페)

나라	Hawai
지역	Kona
가공처리	Washed
종자	Maragogype

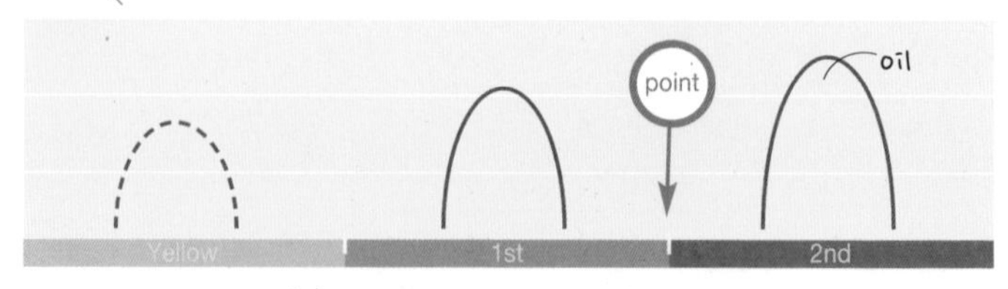

결과물 평가

aroma

매혹적인 과일류 단맛(exotic sweet fruity)
제비꽃향(violet floral)
복숭아(peach), 살구(apricot), 레몬(lemon)

taste

이국적인 상큼한 단맛
(exotic acidity-sweet)
실키한 보디(silky body)

ISLAND

호주
Austalia

Austalia Moutain Top Bin 35 호주 마운틴 탑

나라	Austalia
지역	Moutain Top New South Wales
가공처리	Semi-Washed
종자	Mundo Novo

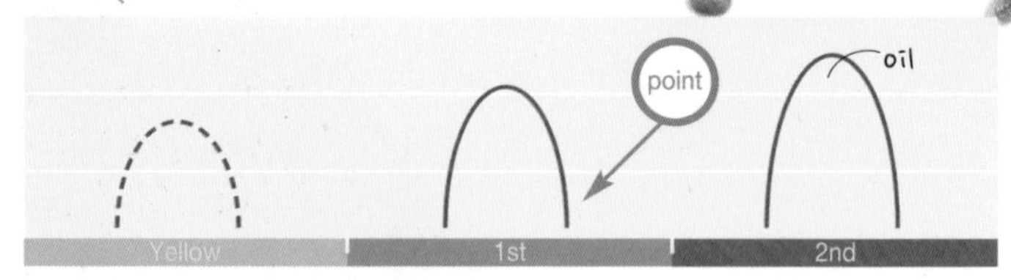

결과물 평가

aroma

고소한(nutty)

스윗한 감귤계 오렌지 껍질(sweet citrus orange peel)

캔디과일(candy-fruity)

taste

실키한 중후한 단맛(silky-body-mellow)

Austalia Moutain Top Bin 478 호주 마운틴 탑

나라	Austalia
지역	Moutain Top New South Wales
가공처리	Semi-Washed
종자	Mundo Novo

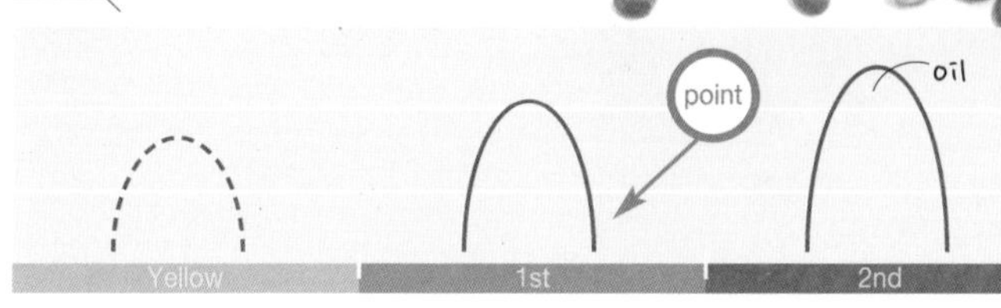

aroma

장미 열매(rose hips), 빨간 사과(red apple), 주스(juice)
부드러운 감귤류(soft citrus), 달콤한 살구(sweet apricot)
복숭아(nectarine)

taste

균형잡인 부드러운 단맛(good sweetness balance soft)

Kenya AA
Ethiopia
Papua New Guinea
Jamaica Blue Mountain
Mexico SHG
Colombia Excelso
Yemen
Indonesia Sumatra

Geisha Coffee

Costa Rica Geisha Tarrazu 코스타리카 게이샤 따라쥬

나라	Costa Rica
지역	San Marcos de Tarrazu
농장	La Candelilla Tarrazu Estate
가공처리	Washed
수확	2000
종자	Geisha

로스팅 포인트

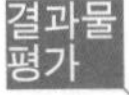

aroma

꽃향(floral), 자스민 장미향(jasmine rose)
바삭한 감귤계(crisp citrus)

taste

중간 정도 균형감(medium balance)
우아한 산미와 독특한 꽃향기인 감귤계의 조화(elegant acidity with distinct floral and citrus harmonious)

Panama Geisha 파나마 게이샤

나라	Panama
지역	Mount Baru in Western Panama
농장	Hacienda La Esmeralda
가공처리	Washed
수확	2011
종자	Geisha

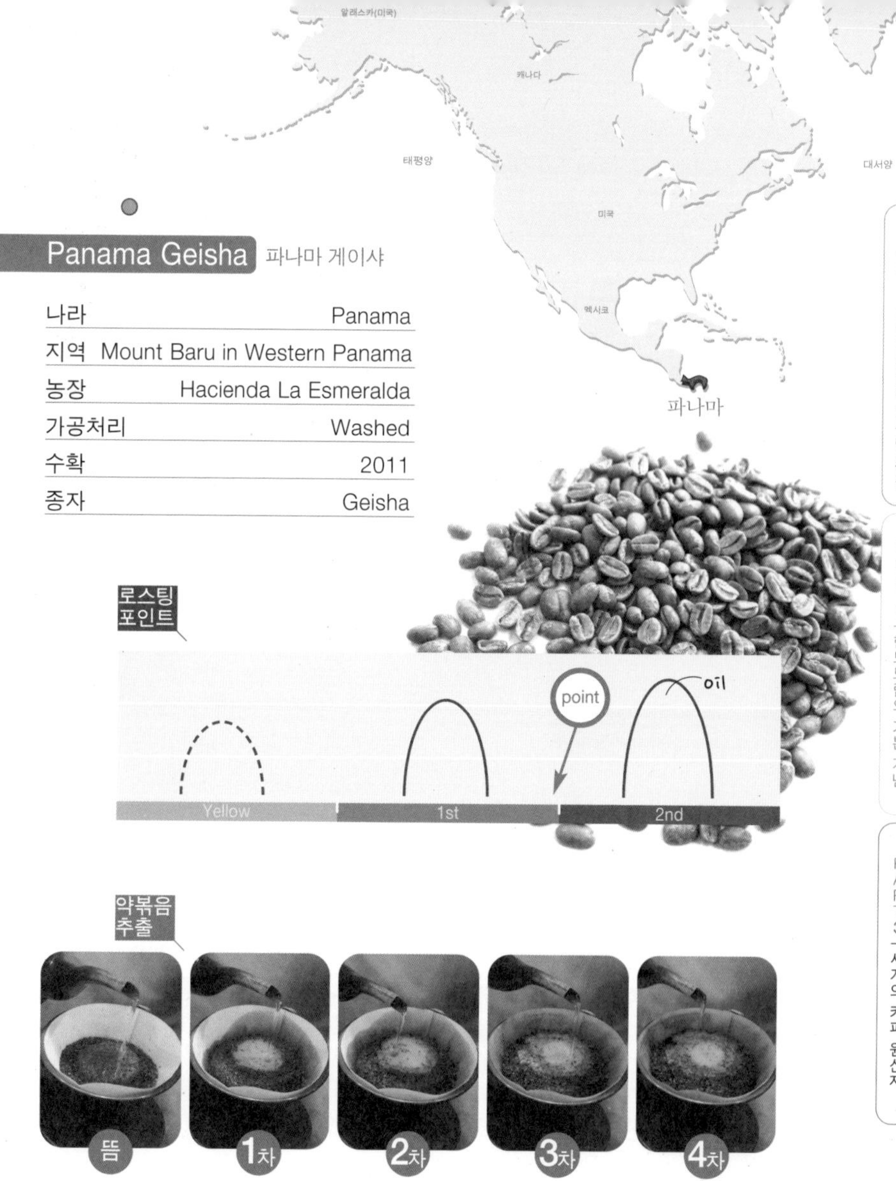

aroma

자스민 꽃향(jasmine floral), 박하향(bergamot)
우아한 균형감(elegant balanced), 최고급의(classic)
풍부한(rich), 다크베리(dark berries)
주스 보디(juice body), 꿀풀과향(savory)

taste

완벽한 산미(well integrated acidity), 풍부한 단맛(full sweetness)

Colombia Geisha 콜롬비아 게이샤

나라	Colombia
지역	Trujillo, Valle del Cauca
농장	Cerro Azul, Cafe Granja La Esperanza
가공처리	Washed
수확	2011
종자	Geisha

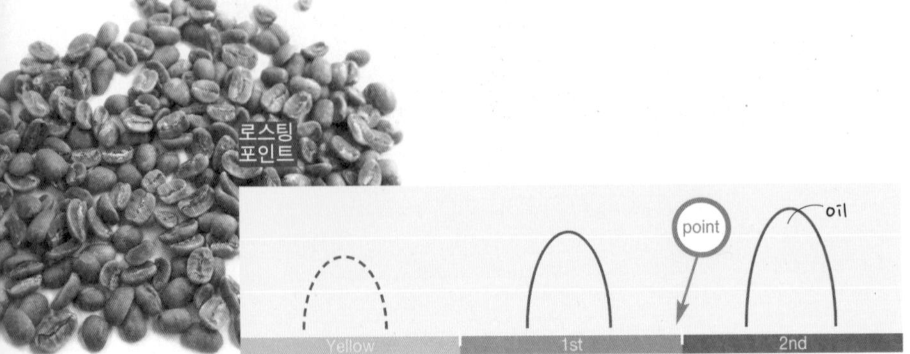

약볶음
추출

결과물
평가

aroma

반석류식물(guava)
달콤한 중남미산 조당 설탕(sweet panela sugar)
바닐라(vanilla), 크리미한 캐러멜(creame caramel)

taste

더욱더 절제된 균형감(more balanced and restrained)
완벽한 구성 안의 향미와 와인 같은 단맛(well structured in flavor and tangy sweetness)

Guatemala Geisha 과테말라 게이샤

나라	Guatemala
지역	Acatenango
농장	Small farms
가공처리	Washed
수확	2011
종자	Geisha

과테말라

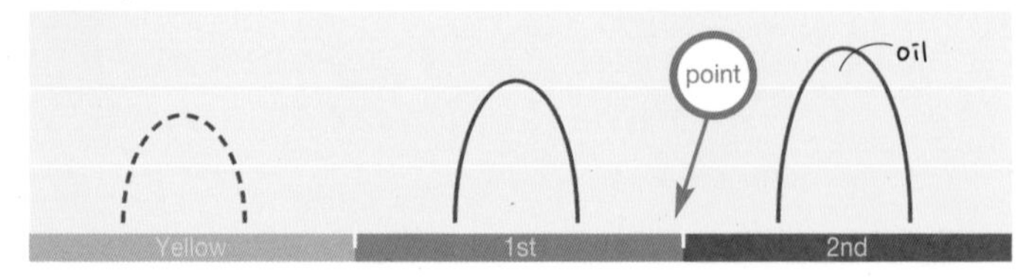

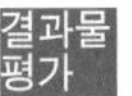

aroma

라임 주스(lime juice), 바닐라(vanilla)
자스민 꽃향(jasmine floral)
스윗한 자몽(sweet grapefruit),
구운 헤이즐넛(toasted hazelnut)
달콤한 캔디과일(sweet candy-fruity), 장미 열매(rose hips)
오렌지 윤(orange glaze), 딸기(strawberry)
소나무 같은(pine hint), 체리(cherry)

taste

우아한 상쾌한 단맛(elegant acidity)

Arcti
Circ.

2011 COE(Cup Of Excellence) Coffee

Guatemala 과테말라

나라	Guatemala
농장	El Socorro Y Anexos
가공처리	Washed
수확	2011
종자	Maracatura
순위	Rank 1
점수	91,53

로스팅 포인트

point

oil

Yellow | 1st | 2nd

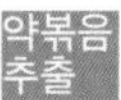

결과물 평가

aroma

과일류(fruity), 연필향(cedar), 호두(walnut), 무화과(fig)
자두(plum), 캔디 종류(toffee), 사탕수수즙(molasses)
꽃향(floral), 홍차의 장미향(tea-rose), 말린 감초(licorice)
야생블랙베리(wild-blackberry), 메이플시럽(maple-syrup)
사탕(candy)

acidity

감귤계(citric)

other

좋은 구성(good structure), 설탕(sugar), 깔끔함(clean)
조화로운(harmonious), 부드러운(smooth)

Honduras 온두라스

나라	Honduras
농장	Pino de oro
가공처리	Washed
수확	2011
종자	Pacas
순위	Rank 1
점수	90

로스팅 포인트

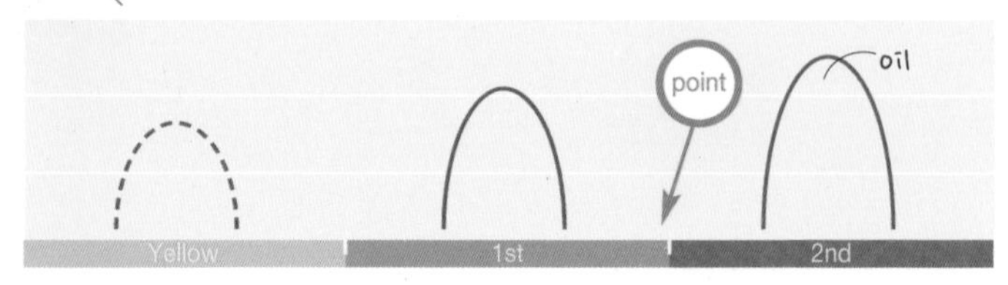

약볶음 추출

aroma

향료(perfurmed), 꽃향(floral), 자스민(jasmine)
매혹적인 과일(passion fruity), 열대산 레몬(lime)
핑크자몽(pink grapefruit), 복숭아(peach)
감귤류 박하향(bergamot), 체리(cherry), 청사과(green apple)
블랙커런트(black current), 달콤한 담배향(sweet tobacco)
사탕수수즙(molasses)

acidity

와인맛(winey), 맑고 깨끗한 맛(brilliant clean)

other

벨벳 보디(velevet body)
드라이한 화이트와인 여운(dry white winey finish)
풀보디의 중간(medium to fullbody)

El Salvador 엘살바도르

나라	El Salvador
농장	Roxanita
가공처리	Washed
수확	2011
종자	Pacamara
순위	Rank 1
점수	93,19

로스팅 포인트

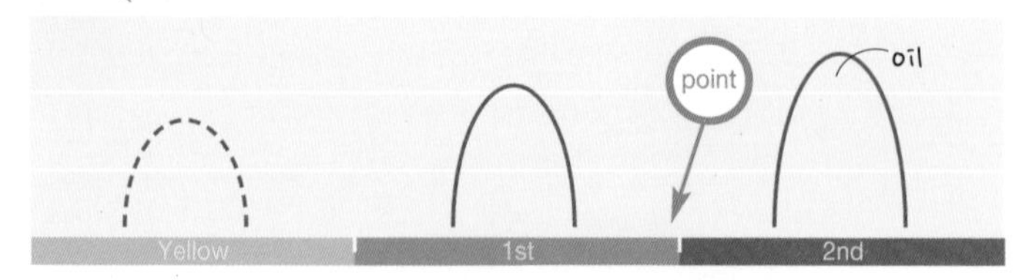

약볶음 추출

aroma

무화과(fig), 라임(lime), 오렌지(orange), 바닐라(vanilla)
레몬(lemon), 초콜릿(chocolate), 살구(apricot)
건포도(raisin), 꽃(floral), 블랙커런트(black current)
레몬에이드(lemonade), 블랙베리(black berry)
빨간 사과(red apple), 귤과향(tangerine), 자스민(jasmine)
버터스커치(butter scotch)

acidity

밝은(birght), 바삭한(crisp), 레몬(lemon)

other

매우 달고 깨끗함(very sweet and clean)
둥글둥글한 실키(rounded silky)
완벽한 구성(perfect structure)

Nicaragua 니카라과

나라	Nicaragua
농장	La Guadalupana
가공처리	Washed
수확	2011
종자	Maracatu
순위	Rank 1
점수	91,13

로스팅 포인트

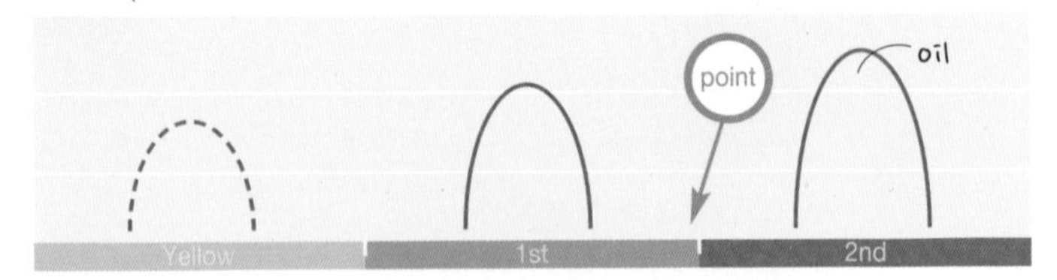

약볶음 추출

aroma

스윗자스민(sweet-jasmine), 버터(butter), 레몬(lemon)
포도(grepe), 중국종귤(mondarion), 시나몬(cinamon)

acidity

부드러운 맛(soft), 주스(juicy), 활기찬(lively)

other

실키(silky), 긴여운(lingering aftertaste), 균형감(balance)
크리미(creamy), 중후함(body), 과자(marzipan)
초콜릿(chocolate), 우아함(elegant), 세련된(classy)

Costa Rica 코스타리카

나라	Costa Rica
농장	La Estrella
가공처리	Washed
수확	2011
종자	Catuai
순위	Rank 1
점수	90,38

로스팅 포인트

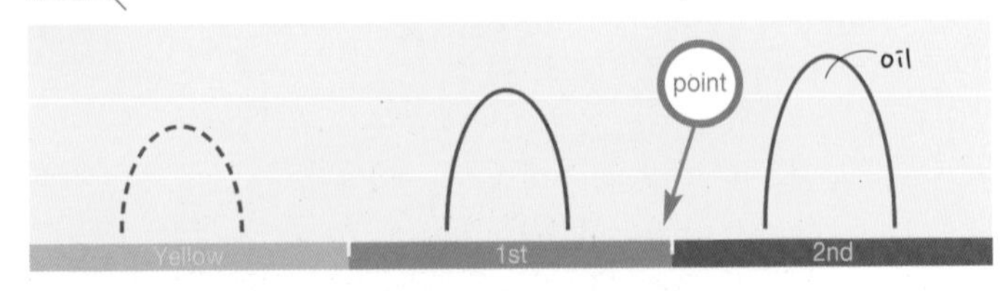

약볶음 추출

aroma

배(pear), 스페인 화이트와인(sherry), 꽃(floral)
과일(fruity), 딸기(strawberry), 망고(mongo)
초콜릿(chocolate), 귤과향(tangerine), 연필향(cedar)
캐러멜(caramel), 레몬 풀향(lemon-grass)

acidity

활기찬(lively), 구성적인(good structured), 밝은(birght)
우아한(elegant), 재구성된(refined)

other

크리미한(creamy)-조직(texture), 버터리(buttery)
밀크초콜릿(milk chocolate)
메를로 레드 품종의 긴 여운(Merlot long finish)

약볶음된 원두
그린빈의 품질평가의 본질!
난 이것을 커피의 DNA라 한다

coffe & Music

권대옥의 **핸드드립 커피** 기본편

1판 2쇄 발행 | 2024년 4월 30일

지은이 | 권대옥
주　간 | 정재승
교　정 | 홍영숙
디자인 | 이오디자인
펴낸이 | 배규호
펴낸곳 | 책미래

출판등록 | 제2010-000289호
주　소 | 서울시 마포구 공덕동 463 현대하이엘 1728호
전　화 | 02-3471-8080
팩　스 | 02-6008-1965
이메일 | liveblue@hanmail.net

ISBN 979-11-85134-54-3 03570

이 도서의 국립중앙도서관 출판예정도서목록(CIP)은 서지정보유통지원시스템 홈페이지(http://seoji.nl.go.kr)와 국가자료종합목록시스템(http://www.nl.go.kr/kolisnet)에서 이용하실 수 있습니다.
(CIP제어번호 : CIP2019007936)